U0170427

# 滚动轴承故障定量分析
# 与智能诊断

崔玲丽　王华庆　著

科学出版社

北京

# 内 容 简 介

本书结合作者团队在滚动轴承故障分析与诊断方面积累多年的研究成果和最新研究进展,在仿真、试验及工程应用的基础上,介绍轴承故障分析与诊断的基础理论与关键技术。

本书以工程中常见的基础部件滚动轴承为研究对象,重点介绍滚动轴承动力学模型及故障机理、定量分析与趋势预测以及智能诊断方法,结合试验数据和现场数据进行典型故障案例分析。

本书适合作为机械工程相关专业高年级本科生和研究生的参考书,也可供相关行业的科研人员与工程技术人员参考。

**图书在版编目(CIP)数据**

滚动轴承故障定量分析与智能诊断 / 崔玲丽,王华庆著.—北京:科学出版社,2021.3

ISBN 978-7-03-068104-1

Ⅰ.①滚… Ⅱ.①崔… ②王… Ⅲ.①滚动轴承－故障诊断 Ⅳ.①TH133.33

中国版本图书馆CIP数据核字(2021)第030921号

责任编辑:张海娜 / 责任校对:王萌萌
责任印制:吴兆东 / 封面设计:蓝正设计

科学出版社出版

北京东黄城根北街 16 号
邮政编码:100717
http://www.sciencep.com

北京市金木堂数码科技有限公司印刷
科学出版社发行 各地新华书店经销
*

2021 年 3 月第 一 版 开本:B5(720 × 1000)
2024 年 9 月第三次印刷 印张:10 1/4
字数:199 000

**定价:85.00 元**
(如有印装质量问题,我社负责调换)

# 序

　　滚动轴承是机械装备最通用的核心基础部件之一，也是最薄弱和容易发生故障的环节，其运行状态直接影响着装备的性能与安全。特别是航空发动机、轨道交通、风电、轧机等高端装备一旦发生故障易造成巨大经济损失，甚至机毁人亡的灾难性事故。滚动轴承的实时监测、故障预测与诊断可实现故障早发现、早诊治，为装备保驾护航提供关键核心技术，是国家科技发展的重大需求。

　　机械装备结构复杂，工况载荷多变，振源激励繁多，监测信号呈强振荡衰减和瞬态冲击等特性，给轴承状态预测和故障诊断带来巨大挑战。轴承故障机理、性能定量评估与预测及智能诊断，是机械故障诊断领域的关键问题。为确保高端装备安全可靠稳定运行，需要明晰滚动轴承故障机理、有效提取特征、实现定量分析与智能诊断。

　　北京工业大学崔玲丽教授与我团队王华庆教授，多年来一直从事机械装备故障机理、特征提取及智能诊断的研究工作。在揭示轴承故障演化机理与动力学行为机制、阐明行为特征与损伤程度的表征规律等方面做了大量基础性研究工作，为实现轴承定量评估和智能诊断提供了科学依据，合作发表了多篇相关学术论文。合作开发的轴承故障诊断与预测系统，应用于化工、交通、冶金等行业的典型装备，取得了工程应用实效。

　　我和两位作者都很熟悉，他们合作出版学术专著投入了宝贵的精力，倾注了大量心血。该书结合作者团队在滚动轴承故障诊断方面积累多年的研究成果和最新研究进展，介绍了轴承故障诊断的基本理论与方法。在仿真、试验及工程应用的基础上，重点阐述了滚动轴承动力学建模、故障机理与定量分析以及智能诊断方法，并结合试验和现场数据进行典型故障案例分析。

　　希望更多的专家学者和专业技术人员，特别是一线工程技术人员，共同参与本技术领域的工程实践总结、理论探讨和学术交流。深信该书的出版能够在推广和普及滚动轴承故障诊断技术、培养更多的从事故障诊断的工程技术人才和后备力量发挥重要作用。是为序。

中国工程院院士、北京化工大学教授

2021 年 2 月

# 前　言

滚动轴承作为机械工业的关键基础部件，广泛应用于航空航天、冶金、电力、汽车工业、精密机床等关乎国民经济和国防建设发展的各个领域。滚动轴承是旋转机械中易发生故障的零部件之一，其运行状态对保障机械设备安全可靠运行具有举足轻重的作用。因此，对滚动轴承进行状态监测、故障诊断与趋势预测具有重要意义。本书将滚动轴承动力学机理与信号处理方法及智能算法相结合，用于实现滚动轴承故障定量分析、趋势预测及智能诊断。

本书是在作者团队多年研究成果的基础上整理而成的，希望能为从事机械装备关键基础部件故障诊断及寿命预测的相关科技工作者及学者提供有益的参考。

本书共 5 章。第 1 章为绪论，简要介绍国内外关于滚动轴承的动力学建模、定量诊断、趋势分析与预测以及智能诊断方法；第 2 章着重介绍滚动轴承动力学模型及故障机理与动力学响应特性；第 3 章介绍基于匹配追踪、形态滤波及卡尔曼滤波的故障定量评估与诊断方法；第 4 章介绍基于 Lempel-Ziv 复杂度和多尺度排列熵的定量趋势分析方法及基于卡尔曼滤波的趋势预测方法；第 5 章介绍模糊神经网络及多源数据融合卷积神经网络智能诊断方法。

本书第 1 章由崔玲丽和王华庆共同撰写，第 2~4 章由崔玲丽撰写，第 5 章由王华庆撰写，全书由崔玲丽和王华庆统稿。在书稿撰写过程中，北京工业大学王鑫博士研究生、北京化工大学宋浏阳博士与北京建筑大学邬娜博士及相关研究生在书稿编辑方面中做了大量的工作，在此表示感谢。

本书相关的研究工作获得国家自然科学基金项目(51575007，51675035，51175007)、北京"长城学者计划"和"青年北京学者计划"人才项目以及北京化工大学优秀本科育人团队项目等的资助，特此感谢。

由于作者水平有限，书中难免存在不妥之处，敬请各位读者与专家批评指正。

作　者

2021 年 1 月于北京

# 目　　录

# 第1章 绪 论

滚动轴承作为机械工业的关键基础部件，广泛应用于航空航天、冶金、电力、汽车工业、精密机床等关乎国民经济和国防建设发展的各个领域。滚动轴承是旋转机械中易发生故障的零部件之一，其运行状态对保障机械设备安全可靠运行具有举足轻重的作用。因此，对滚动轴承进行状态监测、故障诊断与趋势预测具有重要意义。本章简要介绍国内外关于滚动轴承的动力学建模、定量诊断、趋势分析与预测以及智能诊断方法。

## 1.1 滚动轴承动力学模型及故障机理

理论与工程实践研究结果表明，滚动轴承故障诊断的瓶颈问题主要是故障演化机理不清，导致的漏诊、误诊时有发生。因此，明晰故障发生、发展过程中各阶段动力学变化特性和变化趋势，揭示故障动态演化机理，是实现故障诊断和预测的前提。

从 20 世纪 50 年代开始，国内外学者采用动力学建模方法对故障轴承振动机理进行了广泛的研究。如 Lundberg 和 Palmgren[1]采用静力学方法分析了轴向力、径向力及力矩作用下的轴承变形和载荷分布。Sunersjö[2]提出了两自由度滚动轴承动力学模型，开展了变柔性振动研究。Harsha[3]提出了非线性多体动态轴承模型。Sawalhi 和 Randall[4]考虑轴承组件间的滑动影响改进了动力学模型，解释了轴承滚道局部故障引起的振动模式。Ahmadi 等[5]考虑滚动体尺寸影响建立了轴承动力学模型，提高了模型准确性。Sopanen 和 Mikkola[6,7]建立了轴承六自由度动力学模型，研究了径向间隙对于轴承振动响应的影响。Tadina 和 Boltežar[8]获得了不同故障尺寸的轴承局部故障响应信号，得出了轴承故障响应与局部故障尺寸之间的关系。Petersen 等[9]通过建立轴承故障模型分析了不同尺寸局部故障对轴承刚度、接触力和振动响应的影响。Wang 和 Zhu[10]建立了高速重载条件下轴承动力学模型，研究了速度波动、不平衡力和外部负载对系统振动响应的影响。Patil 等[11]将滚珠与滚道的接触视为弹簧接触,用赫兹接触变形理论计算接触力,分析了接触变形与载荷之间的关系。Wang 等[12]研究了故障类型、深度、宽度和长度对圆柱滚动轴承振动响应的影响。Niu 等[13]考虑相对滑移、保持架和局部表面故障建立了动力学模型,预测了具有表面故障轴承的动态特性。Shah 和 Patel[14]考虑了各部件质量和非线性赫兹接触引起的系统刚度和阻尼变化,研究了轴承外圈故障特征频率幅值受润滑剂、轴转速、径向载荷等因素的影响。Li 等[15]提出了一种变步长数值积分算法,初步实现了有限元模型和轴承动力学模型的交互式求解。

部分学者围绕故障尺寸和故障严重程度的轴承振动响应特性进行了相关研究。如 Dowling[16]通过试验信号分析发现滚动体在经过轴承故障区域的过程中,进入和离开轴承故障区域时,存在两次冲击现象,初步引出了双冲击概念。Epps[17]对双冲击现象进行了更详细的论述,认为当滚动体进入故障区域时引起的响应是阶跃响应,主要是低频成分。而滚动体离开故障区域所引起的响应为冲击响应,主要是高频成分。Sawalhi 和 Randall[18]对双冲击中阶跃成分和冲击成分进行分析和提取,初步实现了轴承故障特定尺寸的定量评估。随着研究的深入,有些学者发现了故障轴承振动响应中的更多细节特征,为轴承故障定量特征提取和诊断提供了理论依据。如 Petersen 等[19]考虑径向和轴向力建立了滚动轴承动力学模型,分析了不同局部故障尺寸对轴承刚度、接触力和振动响应的影响。Shi 等[20]在引入故障尺寸参数的情况下,建立了单个故障深沟球轴承内、外表面振动响应的非线性动力学模型。Cui 等[21]通过振动机理分析指出当轴承故障宽度较小时,振动响应信号为明显的单冲击信号,随着故障尺寸的增大,信号逐渐表现为双冲击特征,建立了不同尺度下剥落故障轴承动力学模型,阐明了轴承故障的双冲击特性。

由于受到系统固有振动和背景噪声干扰,通常很难识别进入事件的低频成分,这对故障定量评估的准确度提出了挑战。理论研究表明滚珠角间距差倍数的缺陷或故障具有相同的冲击时间间隔,导致基于冲击时间间隔的定量评估方法具有一定的局限性。有学者发现故障尺度较大时,在进入和退出事件的双冲击响应之间,还存在一些影响定量诊断精确度的其他响应。Cui 等[22]提出了垂平同步定量定位诊断方法,可评估不同角度位置和不同尺寸。Chen 和 Kurfess[23]提出了一种基于故障特征提取的故障尺寸估计方法,并提出两次冲击之间存在第三个冲击点。这些研究对提高故障尺寸估计的准确性具有重要作用。

## 1.2 特征提取与定量诊断方法

相关学者对轴承故障特征提取和诊断开展了许多卓有成效的研究工作，对故障特征提取方法也提出了更高的要求，但故障损伤程度的评估与定量诊断仍面临挑战。现有研究大多依据双冲击现象，采用多种信号处理方法提取冲击时间间隔，以实现故障尺寸的评估。Cui 等[24]在试验分析基础上，引入了转速、轴承结构和损伤尺度等参数建立基函数模型，提出了一种新型自适应冲击原子，实现了故障定量诊断。Khanam 等[25]提出离散小波变换用于识别滚珠进出事件，用于定量评估轴承故障。Zhou 等[26]采用了基于移位不变字典学习的自适应特征提取方法，用于检测双脉冲响应。Zhao 等[27]提出了基于改进谐波乘积谱的多重调制故障脉冲检测方法。Zhao 等[28]将近似熵理论和经验模态分解算法相结合验证了双冲击现象。Ismail 等[29]介绍了一种自动估算轴承在轴向载荷下的故障尺寸评估技术。Sawalhi 等[30]利用自回归逆滤波对信号进行预处理，增强了滚动体进入剥落区域引起的弱阶跃响应特征。Huang 等[31]针对复合故障尺寸估计，提出了一种基于阶跃-冲击特征的稀疏定量诊断方法。

形态学滤波和卡尔曼滤波等方法在抑制噪声上的良好表现，近年来已应用于多种机械设备故障检测与识别。如清华大学郝如江等[32]对轴承振动和声发射信号分别进行了开闭和闭开级联运算的形态滤波算法研究。武汉科技大学钟先友等[33]结合形态滤波与时频切片分析进行了轴承故障诊断研究。Gong 等[34]引入了形态滤波单位尺度可保留信号更多特征分量，实现了滚动轴承故障信号检测。Li 等[35]提出一种增强型形态滤波方法用于滚动轴承故障检测。Khanam 等[36-38]将卡尔曼滤波和 $H_\infty$ 滤波应用于轴承故障特征提取。北京工业大学崔玲丽等[39]提出了一种基于改进开关卡尔曼滤波的滚动轴承故障特征提取方法，在时域提取到早期故障冲击特征。

本书将在前人研究基础上，基于轴承动力学仿真和振动机理分析，介绍匹配追踪、形态滤波和卡尔曼滤波等方法在轴承故障特征提取和定量诊断中的应用。

## 1.3　趋势分析与预测方法

近年来,相关学者从信号特征参数和评价指标角度对轴承损伤程度进行了分析和评估,如何有效提取故障特征、构建故障定量评价指标一直是定量评估与预测的研究热点。复杂度、多尺度排列熵及卡尔曼滤波等方法已初步应用于轴承的趋势分析与预测。

相关学者通过构建评价指标等方式,对轴承故障程度的定量趋势分析进行了有益尝试。Yan 和 Gao[40]提出使用 Lempel-Ziv 复杂度指标来评估轴承劣化程度,验证了复杂度指标评估故障程度的可行性。Zhang 等[41]提出一种归一化的 Lempel-Ziv 复杂度指标用于轴承故障程度评估。西安电子科技大学张超和陈建军[42]针对不同转速下,不同损伤程度的滚动轴承故障,提出了基于局域均值分解和 Lempel-Ziv 复杂度指标的损伤程度识别方法。Hong 等[43]将连续小波变换与 Lempel-Ziv 复杂度理论结合用于轴承状态退化性能的评估。南京工业大学窦东阳和赵英凯[44]提出一种基于经验模态分解和 Lempel-Ziv 复杂度综合指标的滚动轴承损伤程度趋势分析方法。Wang 等[45]分别将连续小波变换、EMD 和小波包变换与 Lempel-Ziv 复杂度结合,初步实现了轴承故障定量趋势预测。虽然相关学者将多种信号处理方法与 Lempel-Ziv 复杂度算法相结合,进行轴承故障定量趋势分析,取得了初步的进展,但仍需进一步深入研究。

Bandt 和 Pompe[46]提出的排列熵(permutation entropy, PE)算法是一种检测时间序列随机性和动态突变的方法。近几年,部分学者将排列熵应用到旋转机械故障诊断领域,取得了一定的效果。Yan 等[47]深入分析了 PE 与 Lempel-Ziv 复杂度指标,发现 PE 比 Lempel-Ziv 复杂度算法更能表征信号动态特性。Aziz 和 Arif[48]提出了鲁棒性较好的多尺度排列熵(multiscale permutation entropy, MPE)。Vakharia 等[49]将 MPE 作为特征信息的指标,选择最佳小波实现了滚动轴承故障诊断。Li 等[50]将 MPE 指标作为特征向量,结合支持向量机实现了轴承故障识别。Zheng 等[51]应用广义复合 MPE 和 Laplacian 评分算法提高了故障诊断识别率。Jiang 等[52]提出了一种基于多尺度加权排列熵和极限学习机的智能故障诊断模型,实现了轴承和齿轮的故障识别。Wang 等[53]讨论了 MPE 与滚动轴承故障尺寸之间的关系,提出了基于定量映射模型的轴承故障定量诊断方法。

定量趋势诊断可评估故障损伤程度，为趋势预测提供了理论支撑。预测方法通常可分为物理方法、统计模型方法、机器学习方法和混合方法。近年来，统计模型中的滤波方法，如粒子滤波、卡尔曼滤波算法得到了较多的应用。Wang 等[54]针对不同状态应用粒子滤波算法预测机械设备的运行状态。Cheng 等[55]提出了一种改进的粒子滤波算法，并设计了自适应神经模糊推理系统，实现了退化性能预测。Wang 等[56]提出一种有限退化数据情况下的风力轮机轴承寿命预测方法。Corbetta 等[57]提出了最优无偏过程噪声模型以保证高预测性能。Liu 等[58]使用粒子滤波算法跟踪退化状态，采用基于归一化偏导数加权的参数融合方法预测了轴承性能退化。Mishra 等[59]提出了一种基于粒子滤波的铁路轨道退化预测方法。Li 等[60]将转速和负载因素引入状态空间模型，提出了一种基于粒子滤波算法的预测方法。

相比于粒子滤波算法，卡尔曼滤波模型简单，计算便捷，在预测领域也得到了初步应用。Baptista 等[61]将卡尔曼滤波算法与广义线性模型、神经网络、$K$ 近邻、随机森林等多种数据驱动方法相结合，提高了预测鲁棒性。Singleton 等[62,63]使用时域和时频域特征跟踪滚动轴承的退化过程，并应用扩展卡尔曼滤波算法预测其退化趋势。Anger 等[64]将动态高斯过程模型和无迹卡尔曼滤波算法结合，预测滚动轴承的退化状态。Lim 等[65]提出开关卡尔曼滤波（switching Kalman filter, SKF）算法，实现了退化状态的连续和离散预测。Lim和 Mba[66]同样应用 SKF 算法，实现滚动轴承退化状态的动态跟踪及实时预测。

## 1.4 智能诊断技术

智能诊断是基于数据驱动保障高端装备安全服役的重要手段，利用人工智能方法建立诊断模型，通过挖掘数据中隐含的故障特征，实现故障的自动识别。早期的智能诊断算法研究主要集中于支持向量机、人工神经网络等浅层智能模型，由于浅层模型具有结构简单、易于训练等优点，国内外学者对其展开了大量的研究工作，并取得一定成效。但基于浅层模型的诊断方法，识别精度受制于输入数据质量，泛化能力、通用性及鲁棒性都有待进一步提高。因此，基于深度学习实现复杂非线性关系表征的深度智能诊断算法不断涌现。

模糊神经网络作为浅层神经网络的典型算法，吸取了模糊理论与神经网络的优点，拓宽了神经网络处理信息的范围和能力，是一种较为有效的智能诊断模型。目前模糊神经网络的研究主要集中在模糊神经网络的学习算法构建与优化、模糊规则、自适应控制研究等方面。北京航空航天大学张建华和王占林[67]对网络输入信号进行模糊量化预处理,提高了算法收敛速度。西安交通大学赵纪元等[68]基于聚类分析提出小波包模糊聚类网络,实现了样本的自适应、自组织智能分类。南京航空航天大学许锋等[69]构造了基于 $p$-范数的模糊推理神经网络,解决了大多数神经网络算子不可微的问题。Abdelkrim 等[70]提出了一种使用时域统计指标和自适应神经模糊推理系统的网络。Yuan 等[71]提出了一种时间序列分层模糊 Petri 网络,采用矩阵推理算法并引入高斯函数获得故障概率。模糊神经网络的研究主要集中以 BP 算法为基础的算法性能改善方面,但在如何实现自适应学习、如何自动生成和调整隶属度函数和模糊规则方面还有待于进一步的研究。

　　故障诊断进入大数据时代,深度学习通过海量数据学习特征,刻画数据丰富内在信息,采用多层网络学习策略实现复杂非线性关系的建模,具有更优异的非线性函数表示能力。以 Hinton 和 Salakhutdinov[72]在 *Science* 提出的概念为基础,深度学习掀起了诸多领域的研究热潮,已成为人工智能领域的颠覆性技术[73]。近年来,深度学习在故障诊断[74,75]领域取得了一定进展并表现出巨大潜力。

　　卷积神经网络(convolutional neural network, CNN)作为深度学习领域的研究热点之一,在处理时序数据和图像数据时表现出强大的分析能力。卷积层实现了输入数据特征的逐级提取,激活函数用以提高网络的非线性表达能力,池化层用于降低参数量级,而后通过全连接层将底层参数映射到新空间实现参数的汇集,计算样本得分并进一步调整网络参数,从而高效准确地获取数据中所包含的特征信息。卷积神经网络凭借其强大的特征提取能力和非线性表征能力在故障诊断领域也引起了研究热潮[76]。Ince 等[77]提出一种自适应的一维信号卷积神经网络模型,并用于早期电机故障检测的特征提取和分类。Abdeljaber 等[78]使用自适应一维卷积神经网络实时检测和定位损伤,从原始加速度信号中自动提取振动特征。Liu 等[79]提出了错位时间序列卷积神经网络用于非平稳电机故障诊断。Liu 等[80]提出了基于变分模态分解和 CNN 的行星齿轮特征提取和故障诊断方法。此外,很多学者通过时频方法将一维信号转换为二维图像进行故障诊断。如 Ding 和 He[81]研究了主轴轴承故障的小波能量图像,通过卷积神经网络模型挖掘多尺度特征。Dong 等[82]通过构建具有复杂结构的诊断模型从原始振动数据中逐层提取前端控制风力发电机的特征,提高了发电机故障诊断精度。Wang 等[83]将滑动窗谱特征作为输入，将深度信念网络(deep belief network，DBN)模型用于机械设备的故障诊断。北京化工大学 Wang 等[74]和 Li 等[84]提出了一种基于多传感器数据融合和瓶颈层优化卷积神经网络(MB-CNN)模型的智能诊断方法，并用于风机的故障诊断，具有较高的识别精度和较快的收敛速度。

　　智能诊断是基于数据驱动保障机械装备安全服役的重要手段，利用人工智能方法实现故障的自动识别与诊断，也一直是国内外多学科交叉的研究热点和前沿课题。深度学习在故障诊断领域的应用研究正处于快速发展阶段，取得了可喜的成绩。当前的研究大多以人为提取的故障特征为输入，将深度学习模型作为一种新的分类器，而未充分挖掘其通过复杂非线性变换进行特征深度提取的能力，存在易出现过拟合、数据类型不平衡、泛化能力弱等问题，有待于深入研究。

# 参 考 文 献

[1] Lundberg G, Palmgren A. Dynamic capacity of roller bearings[J]. Mechanical Engineering Series, 1952, 2(4): 96-127.

[2] Sunnersjö C S. Varying compliance vibrations of rolling bearings[J]. Journal of Sound and Vibration, 1978, 3(58): 363-373.

[3] Harsha S P. Nonlinear dynamic analysis of an unbalanced rotor supported by roller bearing[J]. Chaos, Solitons and Fractals, 2005, 26(1): 47-66.

[4] Sawalhi N, Randall R B. Simulating gear and bearing interactions in the presence of faults[J]. Mechanical Systems and Signal Processing, 2008, 22(8): 1924-1951.

[5] Ahmadi A M, Petersen D, Howard C. A nonlinear dynamic vibration model of defective bearings—The importance of modelling the finite size of rolling elements[J]. Mechanical Systems and Signal Processing, 2015, 52-53: 309-326.

[6] Sopanen J, Mikkola A. Dynamic model of a deep-groove ball bearing including localized and distributed defects. Part 1: Theory[J]. Journal of Multi-body Dynamics, 2003, 217(3): 201-211.

[7] Sopanen J, Mikkola A. Dynamic model of a deep-groove ball bearing including localized and distributed defects. Part 2: Implementation and results[J]. Journal of Multi-body Dynamics, 2003, 217(3): 213-223.

[8] Tadina M, Boltežar M. Improved model of a ball bearing for the simulation of vibration signals due to faults during run-up[J]. Journal of Sound and Vibration, 2011, 330(17): 4287-4301.

[9] Petersen D, Howard C, Sawalhi N, et al. Analysis of bearing stiffness variations, contact forces and vibrations in radially loaded double row rolling element bearings with raceway defects[J]. Mechanical Systems and Signal Processing, 2015, 50-51: 139-160.

[10] Wang Z, Zhu C. A new model for analyzing the vibration behaviors of rotor-bearing system[J]. Communications in Nonlinear Science and Numerical Simulation, 2020, 83: 105130.

[11] Patil M S, Mathew J, Rajendrakumar P K, et al. A theoretical model to predict the effect of localized defect on vibrations associated with ball bearing[J]. International Journal of Mechanical Sciences, 2010, 52(9): 1193-1201.

[12] Wang F, Jing M, Yi J, et al. Dynamic modelling for vibration analysis of a cylindrical roller bearing due to localized defects on raceways[J]. Proceedings of the Institution of Mechanical Engineers, Part K: Journal of Multi-body Dynamics, 2014, 229(1): 39-64.

[13] Niu L, Cao H, He Z, et al. A systematic study of ball passing frequencies based on dynamic modeling of rolling ball bearings with localized surface defects[J]. Journal of Sound and Vibration, 2015, 357: 207-232.

[14] Shah D S, Patel V N. A dynamic model for vibration studies of dry and lubricated deep groove ball bearings considering local defects on races[J]. Measurement, 2019, 137: 535-555.

[15] Li Y, Cao H, Tang K. A general dynamic model coupled with EFEM and DBM of rolling bearing-rotor system[J]. Mechanical Systems and Signal Processing, 2019, 134: 106322.

[16] Dowling M J. Application of non-stationary analysis to machinery monitoring[C]. IEEE International Conference on Acoustics, Speech, and Signal Processing, Minneapolis, 1993: 59-62.

[17] Epps I. An investigation into the characteristics of vibration excited by discrete faults in rolling element bearings[D]. Christchurch: University of Canterbury, 1991.

[18] Sawalhi N, Randall R B. Vibration response of spalled rolling element bearings: Observations, simulations and signal processing techniques to track the spall size[J]. Mechanical Systems and Signal Processing, 2011, 25(3): 846-870.

[19] Petersen D, Howard C, Prime Z. Varying stiffness and load distributions in defective ball bearings: Analytical formulation and application to defect size estimation[J]. Journal of Sound and Vibration, 2015, 337: 284-300.

[20] Shi P, Su X, Han D. Nonlinear dynamic model and vibration response of faulty outer and inner race rolling element bearings[J]. Journal of Vibroengineering, 2016, 18(6): 3654-3667.

[21] Cui L, Zhang Y, Zhang F, et al. Vibration response mechanism of faulty outer race rolling element bearings for quantitative analysis[J]. Journal of Sound and Vibration, 2016, 364: 67-76.

[22] Cui L, Huang J, Zhang F. Quantitative and localization diagnosis of a defective ball bearing based on vertical–horizontal synchronization signal analysis[J]. IEEE Transactions on Industrial Electronics, 2017, 64(11): 8695-8706.

[23] Chen A, Kurfess T R. Signal processing techniques for rolling element bearing spall size estimation[J]. Mechanical Systems and Signal Processing, 2019, 117: 16-32.

[24] Cui L, Wang J, Lee S. Matching pursuit of an adaptive impulse dictionary for bearing fault diagnosis[J]. Journal of Sound and Vibration, 2014, 333(10): 2840-2862.

[25] Khanam S, Tandon N, Dutt J K. Fault size estimation in the outer race of ball bearing using discrete wavelet transform of the vibration signal[J]. Procedia Technology, 2014, 14: 12-19.

[26] Zhou H, Chen J, Dong G, et al. Detection and diagnosis of bearing faults using shift-invariant dictionary learning and hidden Markov model[J]. Mechanical Systems and Signal Processing, 2016, 72-73: 65-79.

[27] Zhao M, Lin J, Miao Y. Detection and recovery of fault impulses via improved harmonic product spectrum and its application in defect size estimation of train bearings[J]. Measurement, 2016, 91: 421-439.

[28] Zhao S, Liang L, Xu G, et al. Quantitative diagnosis of a spall-like fault of a rolling element bearing by empirical mode decomposition and the approximate entropy method[J]. Mechanical Systems and Signal Processing, 2013, 40(1): 154-177.

[29] Ismail M A, Bierig A, Sawalhi N. Automated vibration-based fault size estimation for ball bearings using Savitzky-Golay differentiators[J]. Journal of Vibration and Control, 2017, 24(18): 4297-4315.

[30] Sawalhi N, Wang W, Becker A. Vibration signal processing for spall size estimation in rolling element bearings using autoregressive inverse filtration combined with bearing signal synchronous averaging[J]. Advances in Mechanical Engineering, 2017, 9(5): 1687814017703007.

[31] Huang W, Jiang Y, Sun H, et al. Automatic quantitative diagnosis for rolling bearing compound faults via adapted dictionary free orthogonal matching pursuit[J]. Measurement, 2020, 154: 107474.

[32] 郝如江, 卢文秀, 褚福磊. 形态滤波在滚动轴承故障声发射信号处理中的应用[J]. 清华大学学报(自然科学版), 2008, (05): 812-815.

[33] 钟先友, 赵春华, 陈保家, 等. 基于形态自相关和时频切片分析的轴承故障诊断方法 [J]. 振动与冲击, 2014, (04): 11-16.

[34] Gong T, Yuan X, Lei X, et al. Fault detection for rolling element bearing based on repeated single-scale morphology and simplified sensitive factor algorithm[J]. Measurement, 2018, 127: 348-355.

[35] Li Y, Zuo M J, Chen Y, et al. An enhanced morphology gradient product filter for bearing fault detection[J]. Mechanical Systems and Signal Processing, 2018, 109: 166-184.

[36] Khanam S, Tandon N, Dutt J K. Fault identification of rolling element bearings from vibration signals: An application of Kalman and $H_\infty$ Filters[C]. The 10th International Conference on Vibrations in Rotating Machinery, London, 2012: 703-713.

[37] Khanam S, Dutt J K, Tandon N. Extracting rolling element bearing faults from noisy vibration signal using Kalman filter[J]. Journal of Vibration and Acoustics, 2014, 136(3): 031008.

[38] Khanam S, Tandon N, Dutt J K. A system dynamic approach to bearing fault identification with the application of Kalman and H-infinity filters[J]. Journal of Vibration and Control, 2014, 22(13): 3022-3056.

[39] 崔玲丽, 王鑫, 王华庆, 等. 基于改进开关卡尔曼滤波的轴承故障特征提取方法[J]. 机械工程学报, 2019, 55(7): 44-51.

[40] Yan R, Gao R X. Complexity as a measure for machine health evaluation[J]. IEEE Transactions on Instrumentation and Measurement, 2004, 53(4): 1327-1334.

[41] Zhang S L, Liang Y Y, Yuan X G. Improving the prediction accuracy of protein structural class: Approached with alternating word frequency and normalized Lempel-Ziv complexity[J]. Journal of Theoretical Biology, 2014, 341: 71-77.

[42] 张超, 陈建军. 基于 LMD 和 Lempel-Ziv 指标的滚动轴承故障损伤程度研究[J]. 振动与冲击, 2012, 31(16): 77-82.

[43] Hong H, Liang M. Fault severity assessment for rolling element bearings using the Lempel-Ziv complexity and continuous wavelet transform[J]. Journal of Sound and Vibration, 2009, 320: 452-468.

[44] 窦东阳, 赵英凯. 基于 EMD 和 Lempel-Ziv 指标的滚动轴承损伤程度识别研究[J]. 振动与冲击, 2010, 29(3): 5-8.

[45] Wang J, Cui L L, Wang H Q, et al. Improved complexity based on time-frequency analysis in bearing quantitative diagnosis[J]. Advances in Mechanical Engineering, 2013, 2013: 1-11.

[46] Bandt C, Pompe B. Permutation entropy: A natural complexity measure for time series[J]. Physical Review Letters, 2002, 88(17): 174102.

[47] Yan R, Liu Y, Gao R X. Permutation entropy: A nonlinear statistical measure for status characterization of rotary machines[J]. Mechanical Systems and Signal Processing, 2012, 29: 474-484.

[48] Aziz W, Arif M. Multiscale permutation entropy of physiological time series[C]. International Multitopic Conference, Karachi, 2005: 368-373.

[49] Vakharia V, Gupta V K, Kankar P K. A multiscale permutation entropy based approach to select wavelet for fault diagnosis of ball bearings[J]. Journal of Vibration and Control, 2015, 21(16): 3123-3131.

[50] Li Y, Xu M, Wei Y, et al. A new rolling bearing fault diagnosis method based on multiscale permutation entropy and improved support vector machine based binary tree[J]. Measurement, 2016, 77: 80-94.

[51] Zheng J, Pan H, Yang S, et al. Generalized composite multiscale permutation entropy and Laplacian score based rolling bearing fault diagnosis[J]. Mechanical Systems and Signal Processing, 2018, 99: 229-243.

[52] Jiang G, Xie P, Du S, et al. A new fault diagnosis model for rotary machines based on MWPE and ELM[J]. Insight-Non-Destructive Testing and Condition Monitoring, 2017, 59(12): 644-652.

[53] Wang J, Cui L, Xu Y. Quantitative and localization fault diagnosis method of rolling bearing based on quantitative mapping model[J]. Entropy, 2018, 20(7): 510.

[54] Wang J, Zhang L, Zheng Y, et al. Adaptive prognosis of centrifugal pump under variable operating conditions[J]. Mechanical Systems and Signal Processing, 2019, 131: 576-591.

[55] Cheng F, Qu L, Qiao W, et al. Enhanced particle filtering for bearing remaining useful life prediction of wind turbine drivetrain gearboxes[J]. IEEE Transactions on Industrial Electronics, 2018, 66(6): 4738-4748.

[56] Wang J, Liang Y, Zheng Y, et al. An integrated fault diagnosis and prognosis approach for predictive maintenance of wind turbine bearing with limited samples[J]. Renewable Energy, 2020, 145: 642-650.

[57] Corbetta M, Sbarufatti C, Giglio M, et al. Optimization of nonlinear, non-Gaussian Bayesian filtering for diagnosis and prognosis of monotonic degradation processes[J]. Mechanical Systems and Signal Processing, 2018, 104: 305-322.

[58] Liu X, Song P, Yang C, et al. Prognostics and health management of bearings based on logarithmic linear recursive least-squares and recursive maximum likelihood estimation[J]. IEEE Transactions on Industrial Electronics, 2017, 65(2): 1549-1558.

[59] Mishra M, Odelius J, Thaduri A, et al. Particle filter-based prognostic approach for railway track geometry[J]. Mechanical Systems and Signal Processing, 2017, 96: 226-238.

[60] Li N, Gebraeel N, Lei Y, et al. Remaining useful life prediction of machinery under time-varying operating conditions based on a two-factor state-space model[J]. Reliability Engineering and System Safety, 2019, 186: 88-100.

[61] Baptista M, Henriques E M P, de Medeiros I P, et al. Remaining useful life estimation in aeronautics: Combining data-driven and Kalman filtering[J]. Reliability Engineering and System Safety, 2019, 184: 228-239.

[62] Singleton R K, Strangas E G, Aviyente S. Extended Kalman filtering for remaining-useful-life estimation of bearings[J]. IEEE Transactions on Industrial Electronics, 2015, 62(3): 1781-1790.

[63] Singleton R K, Strangas E G, Aviyente S. The use of bearing currents and vibrations in lifetime estimation of bearings[J]. IEEE Transactions on Industrial Informatics, 2016, 13(3): 1301-1309.

[64] Anger C, Schrader R, Klingauf U. Unscented Kalman filter with Gaussian process degradation model for bearing fault prognosis[C]. European Conference of the Prognostics and Health Management Society, Dresden, 2012: 1-12.

[65] Lim P, Goh C K, Tan K C, et al. Multimodal degradation prognostics based on switching Kalman filter ensemble[J]. IEEE Transactions on Neural Networks and Learning Systems, 2015, 28(1): 136-148.

[66] Lim C K R, Mba D. Switching Kalman filter for failure prognostic[J]. Mechanical Systems and Signal Processing, 2015, 52(53): 426-435.

[67] 张建华, 王占林. 基于模糊神经网络的故障诊断方法的研究[J]. 北京航空航天大学学报, 1997, (04): 98-102.

[68] 赵纪元, 何正嘉, 孟庆丰, 等. 小波包模糊聚类网络研究及应用[J]. 西安交通大学学报, 1998, (02): 3-5.

[69] 许锋, 鲍明, 苏向辉, 等. p-范数模糊推理神经网络及其在滚动轴承诊断中的应用[J]. 振动工程学报, 2001, (01): 23-26.

[70] Abdelkrim C, Meridjet M S, Boutasseta N, et al. Detection and classification of bearing faults in industrial geared motors using temporal features and adaptive neuro-fuzzy inference system[J]. Heliyon, 2019, 5(8): e02046.

[71] Yuan C, Liao Y, Kong L, et al. Fault diagnosis method of distribution network based on time sequence hierarchical fuzzy petri nets[J]. Electric Power Systems Research, 2021, 191: 106870.

[72] Hinton G E, Salakhutdinov R R. Reducing the dimensionality of data with neural networks[J]. Science, 2006, 313(5786): 504-507.

[73] Hinton G E, Osindero S, Teh Y W. A fast learning algorithm for deep belief nets[J]. Neural Computation, 2006, 18(7): 1527-1554.

[74] Wang H, Li S, Song L, et al. A novel convolutional neural network based fault recognition method via image fusion of multi-vibration-signals[J]. Computers in Industry, 2019, 105: 182-190.

[75] Wang H, Li S, Song L, et al. An enhanced intelligent diagnosis method based on multi-sensor image fusion via improved deep learning network[J]. IEEE Transactions on Instrumentation and Measurement, 2020, 69(6): 2648-2657.

[76] Huang R, Liao Y, Zhang S, et al. Deep decoupling convolutional neural network for intelligent compound fault diagnosis[J]. IEEE Access, 2019, 7: 1848-1858.

[77] Ince T, Kiranyaz S, Eren L, et al. Real-time motor fault detection by 1-D convolutional neural networks[J]. IEEE Transactions on Industrial Electronics, 2016, 63(11): 7067-7075.

[78] Abdeljaber O, Avci O, Kiranyaz M S, et al. 1-D CNNs for structural damage detection: Verification on a structural health monitoring benchmark data[J]. Neurocomputing, 2018, 275: 1308-1317.

[79] Liu R, Meng G, Yang B, et al. Dislocated time series convolutional neural architecture: An intelligent fault diagnosis approach for electric machine[J]. IEEE Transactions on Industrial Informatics, 2017, 13(3): 1310-1320.

[80] Liu C, Cheng G, Chen X, et al. Planetary gears feature extraction and fault diagnosis method based on VMD and CNN[J]. Sensors, 2018, 18(5): 1523.

[81] Ding X, He Q. Energy-fluctuated multiscale feature learning with deep convNet for intelligent spindle bearing fault diagnosis[J]. IEEE Transactions on Instrumentation and Measurement, 2017, 66(8): 1926-1935.

[82] Dong H, Yang L, Li H. Small fault diagnosis of front-end speed controlled wind generator based on deep learning[J]. Wseas Transactions on Circuits and Systems, 2016, 15: 64-72.

[83] Wang X, Huang J, Ren G, et al. A hydraulic fault diagnosis method based on sliding-window spectrum feature and deep belief network[J]. Journal of Vibroengineering, 2017, 19 (6): 4272-4284.

[84] Li S, Wang H Q, Song L Y, et al. An adaptive data fusion strategy for fault diagnosis based on the convolutional neural network[J]. Measurement, 2020, 165: 108122.

# 第2章　动力学模型及故障机理研究

探明滚动轴承故障机理，深入研究故障轴承动力学响应特征，是实现滚动轴承故障诊断的理论基础和重要依据。本章着重介绍滚动轴承动力学模型和故障轴承动力学响应特性。

## 2.1　滚动轴承动力学模型

### 2.1.1　轴承动力学模型

图 2.1 是滚动轴承的基本结构示意图和部分几何参数示意图[1]。其中，$D_b$ 为滚动体直径；$D_p$ 为轴承节径；$N_b$ 为滚动体数量；$\phi_i$ 为第 $i$ 个滚动体的角位置。通常滚动轴承外圈固定在轴承座上，内圈与轴固定并随着转轴一起转动，滚珠在滚道中作纯滚动运动。滚动轴承在运转过程中，受径向载荷作用力范围的影响，轴承滚道分为承载区和非承载区，进入承载区的滚珠受力发生变形，产生变柔度振动。

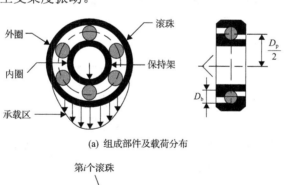

(a) 组成部件及载荷分布

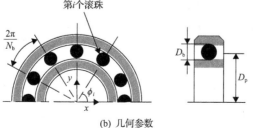

(b) 几何参数

图 2.1　滚动轴承示意图

　　建立轴承非线性振动模型如图 2.2 所示，该模型主要包括轴承内圈在 $x$ 和 $y$ 方向的两个自由度，外圈在 $x$ 和 $y$ 方向的两个自由度，以及可以通过调整刚度和阻尼仿真轴承固有频率的高频谐振器。该模型同时考虑了轴承滚动体的变形，采用广义坐标表示轴承滚动体的运动关系，模拟故障轴承的动力学行为。该模型为每个滚动体加入了两个自由度，则轴承动力学模型的自由度为 $2N_b+6$。

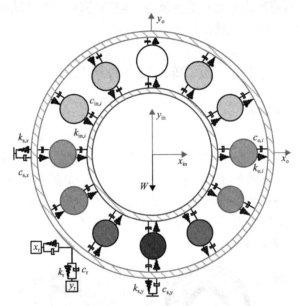

图 2.2　轴承非线性动力学模型

　　第 $i$ 个滚动体和外圈、内圈滚道之间的非线性接触刚度和阻尼分别表示为 $k_{o,i}$、$c_{o,i}$ 和 $k_{in,i}$、$c_{in,i}$。高频谐振器的刚度和阻尼分别表示为 $k_r$ 和 $c_r$。轴承 $x$ 方向和 $y$ 方向支撑的刚度和阻尼分别表示为 $k_{s,x}$、$c_{s,x}$ 和 $k_{s,y}$、$c_{s,y}$。以上参数可以调整为能够合理匹配实验信号中的低频成分。质量-弹簧-阻尼系统可以仿真 $x$ 方向和 $y$ 方向高频成分的轴承振动响应，$x_o$ 和 $y_o$ 分别表示外圈的振动响应，$x_{in}$ 和 $y_{in}$ 分别表示内圈的振动响应，$x_r$ 和 $y_r$ 分别表示高频谐振器的振动响应。$W$ 为径向固定载荷。在建模仿真中可以调整以上参数使得仿真的高频振动符合实际振动响应，这些高频成分与系统振动固有频率相匹配，建立如下轴承动力学方程[2]。

　　轴承内圈运动方程：

$$m_{\text{in}} \begin{bmatrix} \ddot{x}_{\text{in}} \\ \ddot{y}_{\text{in}} - g \end{bmatrix} + \begin{bmatrix} F_{\text{in},x} + F_{\text{d,in},x} \\ F_{\text{in},y} + F_{\text{d,in},y} \end{bmatrix} = \begin{bmatrix} 0 \\ -W \end{bmatrix} \tag{2.1}$$

式中，$m_{\text{in}}$ 表示内圈轴系质量；$g$ 表示重力加速度；$F_{\text{in},x}$ 和 $F_{\text{in},y}$ 分别表示内圈 $x$ 和 $y$ 方向总的接触力；$F_{\text{d,in},x}$ 和 $F_{\text{d,in},y}$ 分别表示内圈 $x$ 和 $y$ 方向总的接触阻尼力。

轴承外圈运动方程：

$$m_{\text{o}} \begin{bmatrix} \ddot{x}_{\text{o}} \\ \ddot{y}_{\text{o}} - g \end{bmatrix} + \begin{bmatrix} c_{\text{s},x} \dot{x}_{\text{o}} \\ c_{\text{s},y} \dot{y}_{\text{o}} \end{bmatrix} + \begin{bmatrix} k_{\text{s},x} x_{\text{o}} \\ k_{\text{s},y} y_{\text{o}} \end{bmatrix} + \begin{bmatrix} F_{\text{o},x} + F_{\text{d,o},x} \\ F_{\text{o},y} + F_{\text{d,o},y} \end{bmatrix} = \begin{bmatrix} 0 \\ 0 \end{bmatrix} \tag{2.2}$$

式中，$m_{\text{o}}$ 表示外圈质量；$F_{\text{o},x}$ 和 $F_{\text{o},y}$ 分别表示外圈 $x$ 和 $y$ 方向总的接触力；$F_{\text{d,o},x}$ 和 $F_{\text{d,o},y}$ 分别表示外圈 $x$ 和 $y$ 方向总的接触阻尼力。

高频谐振器振动方程：

$$m_{\text{r}} \begin{bmatrix} \ddot{x}_{\text{r}} \\ \ddot{y}_{\text{r}} \end{bmatrix} + c_{\text{r}} \begin{bmatrix} \dot{x}_{\text{r}} - \dot{x}_{\text{o}} \\ \dot{y}_{\text{r}} - \dot{y}_{\text{o}} \end{bmatrix} + k_{\text{r}} \begin{bmatrix} x_{\text{r}} - x_{\text{o}} \\ y_{\text{r}} - y_{\text{o}} \end{bmatrix} = \begin{bmatrix} 0 \\ 0 \end{bmatrix} \tag{2.3}$$

式中，$m_{\text{r}}$ 表示高频谐振器质量。

滚动体运动方程：

$$m_{\text{b}} \ddot{\rho}_i - m_{\text{b}} \rho_i \omega_{\text{c}}^2 + m_{\text{b}} g \sin \phi_i - \{f\} = 0 \tag{2.4}$$

式中，$m_{\text{b}}$ 表示滚动体质量；$\rho_i$ 表示滚动体的广义坐标；$\{f\}$ 表示滚动体的广义接触力。

保持架的旋转速度如式(2.5)所示：

$$\omega_{\text{c}} = \omega_{\text{s}} \left( 1 - \frac{D_{\text{b}} \cos \alpha}{D_{\text{p}}} \right) \tag{2.5}$$

式中，$\omega_{\text{s}}$ 为轴的转速；$\alpha$ 为滚动轴承的接触角。

第 $i$ 个滚动体的角位置如式 (2.6) 所示：

$$\phi_i(t) = \phi_{\text{c}}(t) + \frac{2\pi(i-1)}{N_{\text{b}}} + \varphi_{\text{rnd}}, \quad i = 1, 2, \cdots, N_{\text{b}} \tag{2.6}$$

式中，$\varphi_{\mathrm{rnd}}$ 为 0 和 $\pi / N_{\mathrm{b}}$ 之间的随机数。

保持架角位置如下所示：

$$\phi_{\mathrm{c}}(t + \mathrm{d}t) = \phi_{\mathrm{c}}(t) + \omega_{\mathrm{c}}\mathrm{d}t + v(t) \tag{2.7}$$

式中，$v(t)$ 取值范围为 $[-\varphi_{\mathrm{slip}}, \varphi_{\mathrm{slip}}]$，符合滚动轴承元件的均匀分布的随机过程，最大相位变化范围 $\varphi_{\mathrm{slip}}$ 为 0.01～0.02rad。

### 2.1.2　故障轴承动力学模型

轴承故障示意图如图 2.3 所示，定义 $\lambda$ 为故障深度，$r_{\mathrm{b}}$ 为滚动体的半径，$X_i$ 和 $Z_i$ 为滚动体和外滚道、内滚道中心的相对位移向量，$\beta_i$ 为滚动体上变形位置的角度，$\delta_{\mathrm{b},i}$ 是第 $i$ 个滚动体的垂直变形，$\delta_{\mathrm{o},i}$ 为第 $i$ 个滚动体相对于外滚道中心的径向变形，$\psi_i$ 为最大变形点和 $Z_i$ 的夹角，$\theta_{\mathrm{o}}$ 为 $Z_i$ 和外滚道中心的夹角，$R(\varphi)$ 为外滚道和外滚道中心在角度为 $\varphi$ 时的距离：

$$\varphi = \theta_{\mathrm{o},i} + \psi_i \tag{2.8}$$

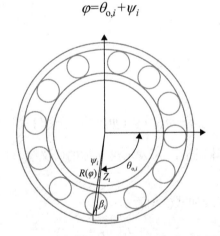

图 2.3　滚动体通过外圈矩形故障示意图

无故障情况下，第 $i$ 个滚动体与内滚道、外滚道的接触变形分别为 $\delta_{\mathrm{in},i}$ 和 $\delta_{\mathrm{o},i}$，计算如下：

$$\delta_{\mathrm{in},i} = \frac{d + D_{\mathrm{b}} + \mathrm{cl}}{2} - X_i \tag{2.9}$$

$$\delta_{\mathrm{o},i} = \frac{-D + D_{\mathrm{b}} - \mathrm{cl}}{2} + Z_i \tag{2.10}$$

式中，$d$ 为内滚道的直径；$D$ 为外滚道直径；$D_b$ 为滚动体直径；cl 为轴承径向间隙；$X_i$ 为第 $i$ 个滚动体到外滚道位移的幅值；$Z_i$ 为第 $i$ 个滚动体到内滚道位移的幅值。

式 (2.11) 和式 (2.12) 为具体的坐标位置关系：

$$X_i = \begin{bmatrix} \rho_i \cos\phi_i - x_{in} \\ \rho_i \sin\phi_i - y_{in} \end{bmatrix} \tag{2.11}$$

$$Z_i = \begin{bmatrix} \rho_i \cos\phi_i - x_o \\ \rho_i \sin\phi_i - y_o \end{bmatrix} \tag{2.12}$$

为了仿真滚动轴承滚道故障，引入轴承故障开关函数 $\gamma(\phi)$。$\gamma(\phi)$ 是关于角位置 $\phi$ 的开关函数，包含常见的轴承几何故障[3]。表征外滚道故障中长方形的尖锐边缘的故障函数[4,5]可以表示为

$$\gamma(\phi) = \begin{cases} \lambda, & \phi_{en} < \phi < \phi_{ex} \\ 0, & 其他 \end{cases} \tag{2.13}$$

式中，$\phi_{en}$ 为滚动体进入轴承故障的角位置；$\phi_{ex}$ 为滚动体离开轴承故障的角位置；$\lambda$ 为故障深度。

对于外圈故障相对外滚道中心给定的角位置 $\varphi$，几何函数表示为

$$R(\varphi) = \frac{D + cl}{2} + \gamma(\varphi) \tag{2.14}$$

对于外圈故障，滚动体角位置 $\phi_i$、接触变形 $\delta_{b,i}$ 发生在垂直于第 $i$ 个滚动体角度 $\beta_i$ 处。该模型在外圈给定的角位置 $\beta_i$ 与角位置 $\varphi_i$ 通过式 (2.15) 建立联系，具体表示如下：

$$\theta_{o,i} = \arccos\left(\frac{\rho_i \cos\varphi_i - x_o}{Z_i}\right) \tag{2.15}$$

接触变形 $\delta_{o,i,\beta}$ 垂直于外滚道，当滚动体通过故障轮廓，$\gamma(\phi)$ 对于每个点在角位置 $\beta_i$ 的变形如式 (2.16) 所示：

$$\delta_{o,i,\beta}(\beta) = \frac{2Z_i + D_b \cos\beta_i}{2\cos\psi_i} - R(\theta_{o,i} + \psi_i) \tag{2.16}$$

式中，$R(\theta_{o,i} \pm \psi_i)$ 为外滚道的极函数；$\psi_i$ 为滚动体上的最大变形和滚动体的位移的夹角，如式 (2.17) 所示：

$$\psi_i = \arctan\left(\frac{D_b \sin \beta_i}{2Z_i + D_b \cos \beta_i}\right) \tag{2.17}$$

因此，接触变形 $\delta_{o,i}$ 通过故障轮廓 $\gamma(\phi)$ 垂直于外滚道，见式 (2.18)：

$$\delta_{o,i} = \max[\delta_{o,i,\beta}], \quad -\frac{\pi}{2} \prec \beta_i \prec \frac{\pi}{2} \tag{2.18}$$

依据赫兹接触理论的表述，接触力和弹性接触变形有关。滚动体和滚道之间有接触时存在接触力，当接触变形相当于 0 或小于 0 时，各自的接触力被设置为 0，本书用下标"+"表示。滚动体和内滚道之间的径向接触力 $Q_{in,i}$ 和 $Q_{o,i}$ 用载荷-挠度计算：

$$\begin{bmatrix} Q_{in,i} \\ Q_{o,i} \end{bmatrix} = \begin{bmatrix} K_{in} \, [\delta_{in,i}]_+^n \\ K_o \, [\delta_{o,i}]_+^n \end{bmatrix} \tag{2.19}$$

$\delta_{in,i}$ 和 $\delta_{o,i}$ 用式 (2.9) 和式 (2.10) 计算。载荷-挠度因子 $K_{in}$ 和 $K_o$ 依赖滚动体的曲率和滚道参数，圆柱滚动轴承 $n = 10/9$，球面滚动轴承 $n = 3/2$，用式 (2.14) 计算，图 2.2 中的弹簧非线性接触刚度 $k_{in,i}$ 和 $k_{o,i}$ 计算如下：

$$\begin{bmatrix} k_{in,i} \\ k_{o,i} \end{bmatrix} = \begin{bmatrix} \partial Q_{in,i} / \partial \delta_{in,i} \\ \partial Q_{o,i} / \partial \delta_{o,i} \end{bmatrix}_+ = \begin{bmatrix} K_{in} \delta_{in,i}^{n-1} \\ K_o \delta_{o,i}^{n-1} \end{bmatrix}_+ \tag{2.20}$$

非线性接触刚度是接触变形 $\delta_{in,i}$ 和 $\delta_{o,i}$ 的函数。对于滚动轴承，轴承刚度时变特征分析表明，尽管载荷-挠度几乎是线性的，由于刚度的变化，将激励起显著的参数变化。结合式 (2.6)、式 (2.7) 和式 (2.14)，将 $N_b$ 个滚动体的接触力相加将得到作用在轴承内圈 $x$ 和 $y$ 方向总的接触力如下：

$$\begin{bmatrix} F_{in,x} \\ F_{in,y} \end{bmatrix} = \sum_{i=1}^{N_b} K_{in} \, [\delta_{in,i}]_+^n \begin{bmatrix} \cos \theta_{in,i} \\ \sin \theta_{in,i} \end{bmatrix} \tag{2.21}$$

$$\theta_{in,i} = \arccos\left(\frac{\rho_i \cos \phi_i - x_{in}}{X_i}\right) \tag{2.22}$$

相似地，作用在外圈上的总的接触力定义为

$$
\begin{bmatrix} F_{o,x} \\ F_{o,y} \end{bmatrix} = -\sum_{i=1}^{N_b} K_o [\delta_{o,i}]_+^n \begin{bmatrix} \cos\theta_{o,i} \\ \sin\theta_{o,i} \end{bmatrix} \tag{2.23}
$$

由于滚动体和滚道之间的润滑油膜接触阻尼包括内圈线性阻尼 $c_{in,i}$ 和外圈线性阻尼 $c_{o,i}$，第 $i$ 个滚动体的接触阻尼力如下：

$$
\begin{bmatrix} Q_{d,in,i} \\ Q_{d,o,i} \end{bmatrix} = c \begin{bmatrix} \dot{\delta}_{in,i} \\ \dot{\delta}_{o,i} \end{bmatrix}_+ \tag{2.24}
$$

式中，$c$ 为黏性阻尼常数。

作用在内滚道和外滚道 $x$ 和 $y$ 方向的总接触阻尼力，分别如式 (2.25) 和式 (2.26) 所示：

$$
\begin{bmatrix} F_{d,in,i} \\ F_{d,o,i} \end{bmatrix} = \sum_{i=1}^{N_b} Q_{d,in,i} \begin{bmatrix} \cos\theta_{in,i} \\ \sin\theta_{in,i} \end{bmatrix} \tag{2.25}
$$

$$
\begin{bmatrix} F_{d,o,x} \\ F_{d,o,y} \end{bmatrix} = -\sum_{i=1}^{N_b} Q_{d,o,i} \begin{bmatrix} \cos\theta_{o,i} \\ \sin\theta_{o,i} \end{bmatrix} \tag{2.26}
$$

通常轴承组件阻尼在 $(0.25\sim25)\times10^{-5}\,\text{N/m}$（正常情况下为 $1\text{N/m}$）的范围内调整[6]。

为了获得滚动体的方程，要采用拉格朗日方程，以广义坐标 $\rho_i$ 表示滚动体：

$$
\frac{\mathrm{d}}{\mathrm{d}t} \frac{\partial T}{\partial\{\rho_i\}} - \frac{\partial T}{\partial\{\rho_i\}} + \frac{\partial V}{\partial\{\rho_i\}} = \{f\} \tag{2.27}
$$

式中，$T$ 为动能；$V$ 为势能。

滚动体在滚道上总的势能和动能分别是

$$
V = \sum_{i=1}^{N_b} m_b g \rho_i \sin\phi_i \tag{2.28}
$$

$$
T = \sum_{i=1}^{N_b} 0.5 m_b (\dot{\rho}_i \cdot \dot{\rho}_i) + 0.5 I \omega_b^2 \tag{2.29}
$$

式中，$I$ 是滚动体中心的惯性矩；$\omega_\text{b}$ 是滚动体的转速。

$\rho_i$ 计算如下：

$$\rho_i = (\rho_i \cos\phi_i)\hat{i} + (\rho_i \sin\phi_i)\hat{j} \tag{2.30}$$

式 (2.29) 中的 $\dot{\rho}_i \cdot \dot{\rho}_i$ 可计算如下：

$$\dot{\rho}_i \cdot \dot{\rho}_i = \dot{\rho}_i^2 + \rho_i^2 \dot{\phi}_i^2 = \dot{\rho}_i^2 + \rho_i^2 \omega_\text{c}^2 \tag{2.31}$$

由于 $\dot{\phi}_i = \omega_\text{c}$，将式 (2.31) 代入式 (2.29)，每个滚道总的动能

$$T = \sum_{i=1}^{N_\text{b}} 0.5 m_\text{b}(\dot{\rho}_i^2 + \rho_i^2 \omega_\text{c}^2) + 0.5 I \omega_\text{c}^2 \left(\frac{D_\text{p}}{D_\text{b}} + \cos\alpha\right)^2 \tag{2.32}$$

式 (2.27) 可具体计算如下：

$$\frac{\partial V}{\partial\{\rho_i\}} = m_\text{b} g \sin\phi_i \tag{2.33}$$

$$\frac{\text{d}}{\text{d}t}\frac{\partial T}{\partial\{\dot{\rho}_i\}} - \frac{\partial T}{\partial\{\rho_i\}} = m_\text{b}\ddot{\rho}_i - m_\text{b}\rho_i\omega_\text{c}^2 \tag{2.34}$$

式 (2.27) 中的广义接触力 $\{f_\text{r}\}$ 是作用在每个滚动体径向接触力和阻尼力在径向坐标 $\rho_i$ 的总和，可以通过式 (2.21) 和式 (2.25) 以及广义坐标 $\rho_i$ 计算：

$$\begin{aligned}\{f\} &= \frac{\partial(Q_{\text{in},i} + Q_{\text{o},i} + Q_{\text{d,in},i} + Q_{\text{d,o},i})}{\partial\{\rho_i\}} \\ &= \left(K_\text{in}\left[\delta_{\text{in},i}\right]_+^n + c\left[\dot{\delta}_{\text{in},i}\right]_+\right)\frac{\partial X_i}{\partial\rho_i} + \left(K_\text{o}\left[\delta_{\text{o},i}\right]_+^n + c\left[\dot{\delta}_{\text{o},i}\right]_+\right)\frac{\partial Z_i}{\partial\rho_i}\end{aligned} \tag{2.35}$$

$X_i$ 和 $Z_i$ 对于 $\rho_i$ 的偏导数定义为式 (2.36) 式 (2.37)：

$$\frac{\partial X_i}{\partial\rho_i} = \frac{\rho_i - x_\text{in}\cos\phi_i - y_\text{in}\sin\phi_i}{X_i} \tag{2.36}$$

$$\frac{\partial Z_i}{\partial\rho_i} = \frac{\rho_i - x_\text{o}\cos\phi_i - y_\text{o}\sin\phi_i}{Z_i} \tag{2.37}$$

将以上条件代入轴承动力学模型式 (2.1)～式 (2.4)，可以得到轴承动力学模型的详细微分方程，通过该动力学模型可以完整地描述轴承的动力学行为。

## 2.2　故障轴承动力学响应特性

轴承故障尺寸较小时，系统固有频率所产生的振荡间隔和轴承故障冲击的衰减间隔相近，表现为单冲击的响应形式。故障尺寸相对较大时，振动响应在时域上表现为多冲击的形式。因此，有必要对轴承故障振动响应形式及特性展开讨论分析。

### 2.2.1　故障轴承单冲击响应特性

1. 单冲击响应特性

轴承损伤性故障的振动响应形式表现为指数衰减的脉冲响应函数，满足以下关系[7]：

$$x = x_0 \, \mathrm{e}^{-\zeta \omega_{\mathrm{n}} t} \sin(2\pi f_{\mathrm{n}} t) \tag{2.38}$$

式中，$x_0$ 为初始响应幅值；$\zeta$ 为系统的阻尼比；$\omega_{\mathrm{n}}$ 为系统的固有频率；$f_{\mathrm{n}}$ 为轴承固有的振动频率；$t$ 为响应时间。

设 $\Delta t$ 为实际滚珠滚过轴承故障点所经过的时间间隔，当故障损伤程度较小时，即满足

$$\Delta t_0 = \frac{1}{f_{\mathrm{n}}} \tag{2.39}$$

$$\Delta t \leqslant \Delta t_0 \tag{2.40}$$

式中，$\Delta t_0$ 为振动衰减信号中两个极值在时间坐标方向的间隔。此时轴承故障信号表现为单冲击响应特性[8]。

2. 单冲击响应仿真分析

以 6308 轴承为例，经计算得到轴承故障振动响应单冲击和双冲击的分界点为 0.45mm。因此在仿真模型中，设定故障尺寸的长度为 0.45mm，故障深度分别为 0.3mm 和 0.6mm，将设置好的故障参数代入到轴承动力学模型中，进行微分方程求解，得出相应的轴承动力学响应，如图 2.4 和图 2.5 所示。从图中可以看出，故障冲击响应均为单冲击，0.6mm 深度故障的振动响应幅值要大于 0.3mm 深度故障的振动响应幅值。

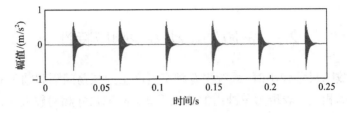

图 2.4　长度为 0.45mm、深度为 0.3mm 故障仿真信号时域响应(单冲击)

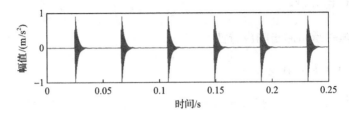

图 2.5　长度为 0.45mm、深度为 0.6mm 故障仿真信号时域响应(单冲击)

## 3. 单冲击响应试验分析

采用故障尺寸长度为 0.45mm、故障深度分别为 0.3mm 和 0.6mm 的两组 6308 轴承数据进行试验分析,具体响应时域信号分别如图 2.6 和图 2.7 所示,图中展示了一个周期内的局部放大信号。

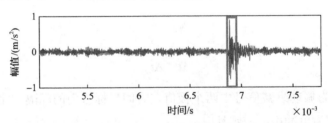

图 2.6　长度为 0.45mm、深度为 0.3mm 故障试验信号时域响应(单冲击)

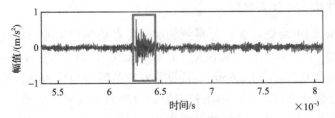

图 2.7　长度为 0.45mm、深度为 0.6mm 故障试验信号时域响应(单冲击)

对比图 2.6 和图 2.7 两组故障长度为 0.45mm 的时域波形图,振动响应均为单冲击,0.6mm 深度的故障在振动响应幅值上要大于 0.3mm 深度的振动响应幅值。

### 2.2.2　故障轴承双冲击响应特性

#### 1. 双冲击响应特性

在传统的轴承故障机理分析中,对于故障冲击都是假定为理想的单脉冲形式,即单脉冲作用力的时间趋近于零。然而,这种理想单脉冲仅仅适合滚动轴承局部损伤的尺寸极小的情况。随着故障的劣化程度增加,即故障存在一定宽度时,故障引起的脉冲不可能仅仅呈现一种理想单脉冲状态,而是双冲击的现象。以轴承外圈为例,当故障存在一定宽度(该宽度小于滚珠直径,且滚珠未与故障底部发生接触)时,滚动体经过故障时会经历进入故障前边缘、与故障后边缘发生撞击以及离开故障后边缘等过程,如图 2.8 所示。即滚动体将会在经过故障时发生两次碰撞,这两次碰撞认为是滚动体进入故障发生的碰撞,以及与故障后边缘的撞击。文献[8]将这一现象描述为双冲击,即滚动体进入故障与离开故障两次碰撞所产生的响应皆为冲击响应。

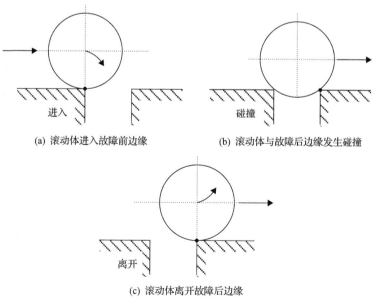

(a) 滚动体进入故障前边缘　　　　(b) 滚动体与故障后边缘发生碰撞

(c) 滚动体离开故障后边缘

图 2.8　滚动体通过故障示意图

考虑到轴承滚动体和故障的几何关系，当满足一定条件时，滚动轴承振动响应处于双冲击和多冲击的临界状态。当故障信号已经呈现双冲击的特点后，即 $\Delta t > \Delta t_0$ 时，随着故障尺寸的扩展，会进一步发展至多冲击。具体的几何关系如图 2.9 所示。图 2.9 为轴承滚动体和故障区域相对示意图。在图中位置滚动体和故障区域的末端进行碰撞的同时也和故障的底端进行接触。

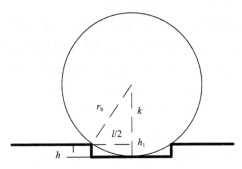

图 2.9　轴承故障几何关系

由图中几何关系可以得到如下计算公式：

$$r_b^2 = \frac{l^2}{4} + k^2 \tag{2.41}$$

$$k = \sqrt{r_b^2 - \frac{l^2}{4}} \tag{2.42}$$

$$h_1 = r_b - k \tag{2.43}$$

式中，$h_1$ 为故障长度为 $l$ 时轴承故障尺寸的临界深度；$r_b$ 为滚动体半径；$l$ 为轴承外圈故障长度。

将式(2.42)代入式(2.43)，可以得到式(2.44)：

$$h_1 = r_b - \sqrt{r_b^2 - \frac{l^2}{4}} \tag{2.44}$$

从故障几何关系可以得到，当轴承故障的深度为 $h$，且 $h > h_1$ 时，滚动体不能和故障底端进行碰撞，时域冲击响应表现为双冲击形式。

### 2. 双冲击响应仿真分析

以 6308 轴承为例,仿真故障尺寸为 2mm 时的振动响应信号,如图 2.10 所示。从图中可以明显观察到进入故障和退出故障产生的双冲击响应。

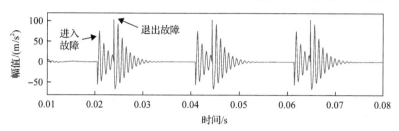

图 2.10　长度为 2mm 故障仿真信号时域响应(双冲击)

### 3. 双冲击响应试验分析

同样以 6308 轴承为例,在其外圈加工故障长度为 2mm 的故障,测量其振动响应信号,如图 2.11 所示。从图中同样可观察到明显的滚动体进入故障冲击和滚动体退出故障冲击。通过试验信号分析,验证了滚动轴承故障尺寸较大时,会在振动信号时域波形中产生明显的双冲击现象。从图中可以看出,实际信号波形比较复杂,包含噪声等干扰成分。故障特征有待通过信号增强处理方法进一步提取,将在本书后续章节进行介绍。

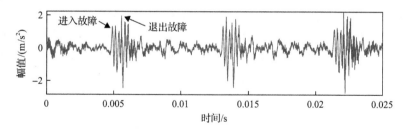

图 2.11　长度为 2mm 故障试验信号时域响应(双冲击)

## 2.2.3　故障轴承多冲击响应特性

### 1. 多冲击响应特性

从图 2.9 的故障几何关系可知,当轴承故障深度 $h$ 恰好满足以下关系时:

$$h = h_1 \qquad\qquad (2.45)$$

滚动体刚好和故障底端及故障的首尾边缘同时接触。若故障的宽度在此基础上稍微扩展增大，故障在时域振动响应上则表现为明显的三冲击形式。

当轴承故障尺寸进一步扩大到一定程度，表现为如下式时：

$$h < h_1 \qquad\qquad (2.46)$$

故障响应表现为四冲击响应形式，其具体的滚动体和故障区域对应几何关系如图 2.12 所示。由图可知，当故障尺寸较大时，滚动体和轴承故障的底端碰撞，产生第二次冲击，随后再和故障的末端进行碰撞，产生第三次冲击。因此，此种状态下故障振动响应信号表现为四冲击形式，其余两次冲击为滚动体进入和退出故障区域时产生的振动响应。

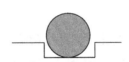

图 2.12　故障尺寸较大时滚动体与故障几何关系示意图

### 2. 三冲击响应仿真分析和试验分析

#### 1）三冲击响应仿真分析

采用 6308 轴承，仿真故障长度为 4mm、故障深度分别为 0.3mm 和 0.6mm 的两种故障轴承振动响应，图 2.13 和图 2.14 分别为对应的振动响应的局部放大图。可以看到此时轴承振动响应信号在时域上表现为三冲击的响应形式。

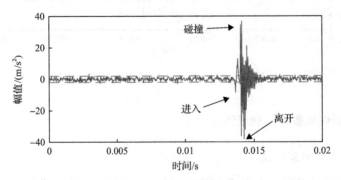

图 2.13　长度为 4mm、深度为 0.3mm 故障仿真信号时域响应（三冲击）

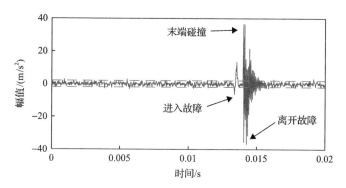

图 2.14　长度为 4mm、深度为 0.6mm 故障仿真信号时域响应（三冲击）

由轴承几何参数可以得到轴承滚动体滚过故障所需时间为

$$\Delta t = \frac{l}{\pi f_{\mathrm{c}}(D_{\mathrm{p}} + D_{\mathrm{b}})} \tag{2.47}$$

式中，$l$ 为轴承外圈故障尺寸；$D_{\mathrm{p}}$ 为轴承节径；$D_{\mathrm{b}}$ 为滚动体直径。

保持架转频为

$$f_{\mathrm{c}} = \frac{f_{\mathrm{r}}}{2}\left(1 - \frac{D_{\mathrm{b}}}{D_{\mathrm{p}}}\cos\alpha\right) \tag{2.48}$$

式中，$f_{\mathrm{r}}$ 为轴的转频；$\alpha$ 为接触角，通常情况下接触角为 0°。

将式（2.48）代入式（2.47），得

$$\Delta t = \frac{2lD_{\mathrm{p}}}{\pi f_{\mathrm{r}}(D_{\mathrm{p}}^2 - D_{\mathrm{b}}^2)} \tag{2.49}$$

反推轴承故障长度计算公式为

$$l = \frac{\pi f_{\mathrm{r}}(D_{\mathrm{p}}^2 - D_{\mathrm{b}}^2)}{2D_{\mathrm{p}}}\Delta t \tag{2.50}$$

在三冲击响应状态下，从滚动体进入轴承故障到滚动体离开故障的时间分为两部分，第一部分为 $\Delta t_1$，为滚动体从进入故障区域到和故障的末端进行碰撞的时间间隔。在这一段时间滚动体滚过的距离为

$$l_1 = \frac{\pi f_r (D_p^2 - D_b^2)}{2 D_p} \Delta t_1 \tag{2.51}$$

第二部分 $l_2$ 对应滚动体从开始和轴承故障末端进行碰撞到滚动体完全离开故障区域所走过的周向距离,可以从滚动体和故障尺寸边缘的几何关系进行计算。滚动体和轴承故障末端碰撞的故障区域几何关系如图 2.15 所示。

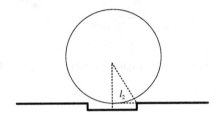

图 2.15　故障区域几何关系示意图

因此 $l_2$ 可求解如下:

$$l_2 = \sqrt{2 r_b h_i - h_i^2} \tag{2.52}$$

式中, $h_i$ 为滚动体进入故障区域的深度。

根据仿真的滚动轴承滚动体的运动轨迹,可以得到 $h_i$ 如图 2.16 所示。代入式 (2.52) 则可以得到轴承故障的 $l_2$ 部分。

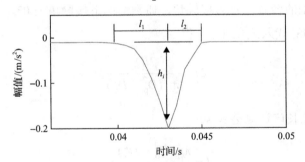

图 2.16　滚动体下落深度示意图

轴承总的故障尺寸可表示为

$$l = l_1 + l_2 \tag{2.53}$$

具体计算如下:

$$l = \frac{\pi f_r (D_p^2 - D_b^2)}{2D_p} \Delta t_1 + \sqrt{2r_b h_i - h_i^2} \tag{2.54}$$

提取仿真信号的故障尺寸，分别提取故障冲击时间间隔和滚动体运动下降的深度，并且计算轴承故障对应的尺寸 $l_1$ 和 $l_2$，如表 2.1 所示。

表 2.1　仿真信号故障尺寸

| 故障类型 | $\Delta t_1$/s | $h_i$/mm | $l_1$/mm | $l_2$/mm | $l$/mm | 误差率/% |
|---|---|---|---|---|---|---|
| 故障 1 | 0.0002452 | 0.27 | 1.984 | 1.9997 | 3.9837 | 0.41 |
| 故障 2 | 0.0002713 | 0.265 | 2.196 | 1.9814 | 4.1774 | 4.44 |

由表 2.1 可以看出，采用提出的方法计算得到的轴承故障尺寸分别为 3.9837mm 和 4.1774mm，和原始故障尺寸的误差率均小于 5%。

2）三冲击响应试验分析

图 2.17 和图 2.18 分别对应试验轴承故障长度为 4mm、深度为 0.3mm 和 0.6mm 时的振动响应。试验信号和仿真信号类似，在时域上表现为三冲击的响应形式。提取上述故障响应的时间间隔进行计算得到轴承故障尺寸，如表 2.2 所示。

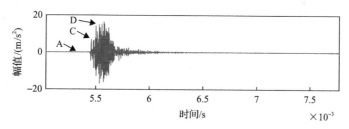

图 2.17　长度为 4mm、深度为 0.3mm 故障试验信号时域响应(三冲击)

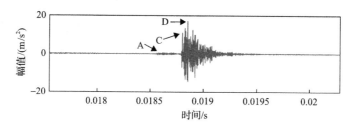

图 2.18　长度为 4mm、深度为 0.6mm 故障试验信号时域响应(三冲击)

表 2.2　　试验信号故障尺寸

| 故障类型 | 试验尺寸/mm | 计算尺寸/mm | 误差率/% |
|---|---|---|---|
| 故障 1 | 4 | 3.87 | 3.25 |
| 故障 2 | 4 | 4.19 | 4.75 |

**3. 四冲击响应仿真分析和试验分析**

**1) 四冲击响应仿真分析**

在以上建立的轴承动力学模型基础上设置故障长度为 8mm、深度分别为 0.3mm 和 0.6mm 的轴承外圈故障，获得的振动响应如图 2.19 和图 2.20 所示。提取单一故障周期的振动响应，在一个故障周期中轴承的响应信号可以分为四个部分。图中 A、B、C、D 四个部分的冲击响应分别对应滚动体进入故障区域、和故障底端进行碰撞、接触故障末端边缘以及完全离开故障区域，如图 2.21 所示[9]。当滚动体运行在无故障区域，振动响应比较平稳，振动幅值基本接近于零。当滚动体开始进入故障区域时，振动响应在时域上表现为低频阶跃响应。随着轴承继续运转，滚动体和轴承故障的底端进行碰撞，在时域响应上表现为衰减的脉冲信号，幅值相对较小，很容易淹没在噪声成分中。这两段的时间间隔可以用来对轴承故障的深度进行分析。轴承继续运转，滚动体开始和轴承故障的末端进行碰撞，在时域图上表现为第三个冲击。第三个冲击时刻是滚动体与故障末端碰撞的时刻，碰撞的冲击力更大，因此加速度信号的幅值比前一次冲击更大。滚动体逐渐离开轴承故障区域，随后滚动体同时和轴承的内圈和外圈碰撞，产生更大的冲击即第四个冲击，该冲击成分比较丰富，因此表现为较复杂的宽频信号。

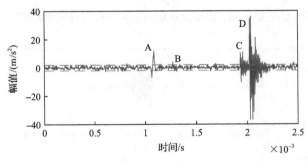

图 2.19　长度为 8mm、深度为 0.3mm 故障仿真信号时域响应(四冲击)

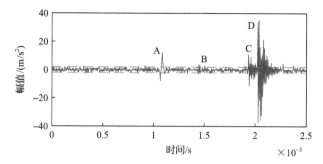

图 2.20　长度为 8mm、深度为 0.6mm 故障仿真信号时域响应(四冲击)

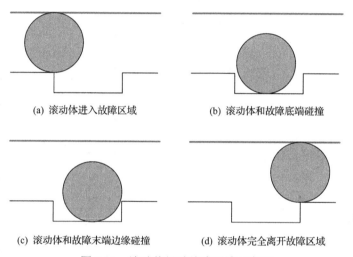

(a) 滚动体进入故障区域　　　　　　　　(b) 滚动体和故障底端碰撞

(c) 滚动体和故障末端边缘碰撞　　　　　(d) 滚动体完全离开故障区域

图 2.21　滚动体经过故障区域示意图

　　提取滚动轴承运动过程中，滚动体经过故障时的运动轨迹如图 2.22 所示[2]，滚动体与滚道之间的接触力如图 2.23 所示(均以故障深度 0.6mm 时为例)。从图 2.22 中滚动体的运动轨迹则可以看出，滚动体进入故障区域后先是触底然后反弹，最终和故障末端区域碰撞直至离开轴承故障区域。分析以上运动过程，当滚动体进入故障时，轴承的振动响应表现为低频振动。从力学的角度分析，产生低频振动的原因是当滚动体进入轴承故障时，作用在滚动体和外圈之间的接触力逐渐被卸载，力逐渐减小，从接触力图 2.23 可以看出。当滚动体继续滚动时，滚动体将逐渐和轴承故障的底部即轴承外圈进行碰撞，碰撞位置以及时间主要取决于滚动体运动过程中的离心力和惯性力，而表现在时域响应上则为逐渐衰减的冲击响应。当滚动体滚出轴承故障末端时，由于滚动体和故障边缘进行碰撞，产生冲击响应。由于碰撞，滚动体的滚动要突然改变方向,接触力要回到正常轴承的状态,使得运动方向的速度发生阶跃性的变化,并且产生脉冲的加速度信号,引起轴承组件的高频谐振,在时域上表现为振动的宽频响应。

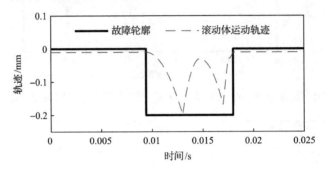

图 2.22　滚动体运动轨迹示意图

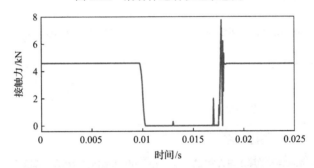

图 2.23　滚动体与滚道接触力

　　针对轴承故障尺寸较大的情形,轴承故障长度计算和前述方法相类似,由于故障尺寸较大时增加了触底的时刻,轴承故障长度计算公式如式(2.55)所示:

$$l = \frac{\pi f_\mathrm{r}(D_\mathrm{p}^2 - D_\mathrm{b}^2)}{2D_\mathrm{p}}(\Delta t_1 + \Delta t_2 + \Delta t_3) \tag{2.55}$$

式中,$\Delta t_1$ 为滚动体从进入轴承故障区域到滚动体和轴承故障底端进行碰撞的时间间隔;$\Delta t_2$ 为滚动体和轴承故障底端进行碰撞到滚动体和轴承故障的末端进行碰撞的时间间隔;$\Delta t_3$ 为滚动体和故障末端区域进行碰撞到完全离开轴承故障区域的时间间隔。

　　提取上述轴承冲击时间数据,如表2.3所示,分别计算其冲击时间间隔。

将表 2.3 中的数据代入式 (2.55)，可以得到轴承故障的尺寸，如表 2.4 所示。得到的轴承故障尺寸分别为 7.8891mm 和 8.3218mm，计算误差率分别为 1.39%和 4.02%。

**表 2.3　仿真信号冲击时间**　　　　　　　　　（单位：s）

| 时间点 | $t_0$ | $t_1$ | $t_2$ | $t_3$ |
|---|---|---|---|---|
| 故障 1 | 0.0009674 | 0.001293 | 0.001829 | 0.00194 |
| 时间间隔 | — | 0.000326 | 0.000536 | 0.000111 |
| 故障 2 | 0.0009576 | 0.00139 | 0.001864 | 0.001985 |
| 时间间隔 | — | 0.000434 | 0.000474 | 0.000121 |

**表 2.4　仿真信号故障尺寸提取结果**

| 故障类型 | 仿真故障尺寸/mm | 提取故障尺寸/mm | 误差/mm | 误差率/% |
|---|---|---|---|---|
| 故障 1 | 8 | 7.8891 | 0.1109 | 1.39 |
| 故障 2 | 8 | 8.3218 | 0.3218 | 4.02 |

上述只是针对轴承故障长度进行了计算。对于四冲击响应的轴承振动信号，由于考虑滚动体变形，在滚动体和轴承故障底端碰撞时会产生相应的冲击响应。而根据两者的冲击时间间隔可以进行故障深度分析。根据轴承几何关系可推导轴承故障深度计算公式。

施加载荷作用在滚动体方向上的力为

$$F_{\max} = \frac{4.37W}{N_b \cos \alpha} \tag{2.56}$$

由于接触作用，负载作用在滚动体上的接触力如下：

$$Q = F_{\max} \left( 1 - \frac{1 + \cos \phi}{2\varepsilon} \right)^n \tag{2.57}$$

将式 (2.56) 代入式 (2.57)，则

$$Q = \frac{4.37W}{N_b \cos \alpha} \left( 1 - \frac{1 + \cos \phi}{2\varepsilon} \right)^n \tag{2.58}$$

式中，$\varepsilon$ 取为 0.5；$n$ 在球轴承模型中取为 1.5。

由于滚动体在滚道中呈圆周运动，滚动体圆周运动所形成的离心力为

$$F_1 = \frac{mv^2}{r_p + r_b} \tag{2.59}$$

有如下关系：

$$ma = mg\cos(\phi - 270°) + Q - F_1 \tag{2.60}$$

从而得到加速度

$$a = g\cos(\phi - 270°) + \frac{Q}{m} - \frac{v^2}{r_b + r_p} \tag{2.61}$$

其中

$$\phi - 270° = \frac{vt - \dfrac{l}{2}}{r_b + r_p} \tag{2.62}$$

得到沿着轴承外圈故障深度方向的速度 $v_1$ 如下：

$$v_1 = \int a\,\mathrm{d}t = \int_0^\tau \left[ g\cdot\cos\left(\frac{vt - \dfrac{l}{2}}{r_b + r_p}\right) + \frac{Q}{m_b} - \frac{v^2}{r_b + r_p} \right]\mathrm{d}t \tag{2.63}$$

故障深度可由式(2.64)表示：

$$h = \int_{-\frac{\Delta t}{2}}^{\frac{\Delta t}{2}} v_1\,\mathrm{d}\tau \tag{2.64}$$

式中，$\Delta t$ 为轴承故障前两次冲击的时间间隔。

将式(2.63)代入式(2.64)，得到式(2.65)，可计算轴承故障的深度

$$h = \int_{-\frac{\Delta t}{2}}^{\frac{\Delta t}{2}} \int_0^\tau \left[ g\cdot\cos\left(\frac{vt - \dfrac{l}{2}}{r_b + r_p}\right) + \frac{Q}{m_b} - \frac{v^2}{r_b + r_p} \right]\mathrm{d}t\,\mathrm{d}\tau \tag{2.65}$$

按照上式分析仿真信号，得到两组轴承的冲击时刻及故障深度如表 2.5 所示。

表 2.5 仿真信号故障深度提取结果

| 故障类型 | 仿真故障深度/mm | 提取故障深度/mm | 误差/mm | 误差率/% |
|---|---|---|---|---|
| 故障 1 | 0.3 | 0.2891 | 0.0109 | 3.6 |
| 故障 2 | 0.6 | 0.6243 | 0.0243 | 4.05 |

2) 四冲击响应试验分析

分别采集故障长度为 8mm、深度为 0.3mm 和 0.6mm 两种故障尺寸的轴承振动信号，如图 2.24 和图 2.25 所示。

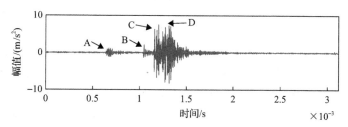

图 2.24 长度为 8mm、深度为 0.3mm 故障试验信号时域响应(四冲击)

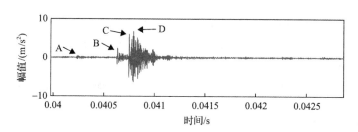

图 2.25 长度为 8mm、深度为 0.6mm 故障试验信号时域响应(四冲击)

故障长度和深度尺寸如表 2.6 所示，故障尺寸提取结果和实际尺寸相比误差较小。

表 2.6 试验信号故障尺寸估计结果

| 故障 | 故障 1 | 故障 2 |
|---|---|---|
| 故障长度/mm | 7.958 | 8.019 |
| 故障深度/mm | 0.298 | 0.621 |

　　本章主要考虑了滚动体变形、几何物理特征及载荷等因素，建立了含故障的多自由度轴承动力学模型，分析了滚动体的运动轨迹及滚动体和外滚道之间的接触力，获得了故障不同尺度下轴承的动力学响应特性。试验分析验证了所建立的故障轴承模型的可行性和有效性。

## 参 考 文 献

[1] Sawalhi N, Randall R B. Simulating gear and bearing interactions in the presence of faults: Part I. The combined gear bearing dynamic model and the simulation of localised bearing faults[J]. Mechanical Systems and Signal Processing, 2008, 22(8): 1924-1951.

[2] Ahmadi A M, Petersen D, Howard C. A nonlinear dynamic vibration model of defective bearings—The importance of modelling the finite size of rolling elements[J]. Mechanical Systems and Signal Processing, 2015, 52-53: 309-326.

[3] Petersen D, Howard C, Sawalhi N, et al. Analysis of bearing stiffness variations, contact forces and vibrations in radially loaded double row rolling element bearings with raceway defects[J]. Mechanical Systems and Signal Processing, 2015, 50-51: 139-160.

[4] Cui L L, Zhang Y, Zhang F B, et al. Vibration response mechanism of faulty outer race rolling element bearings for quantitative analysis[J]. Journal of Sound and Vibration, 2016, 364(3): 67-76.

[5] Rafsanjani A, Abbasion S, Farshidianfar A, et al. Nonlinear dynamic modeling of surface defects in rolling element bearing systems[J]. Journal of Sound and Vibration, 2009, 319: 1150-1174.

[6] Sunnersjo C S. Varying compliance vibrations of rolling bearing[J]. Journal of Sound and Vibration, 1978, 58(3): 363-373.

[7] 梅宏斌. 滚动轴承振动监测与诊断[M]. 北京: 机械工业出版社, 1996.

[8] Cui L L, Wu N, Ma C Q, et al. Quantitative fault analysis of roller bearings based on a novel matching pursuit method with a new step-impulse dictionary[J]. Mechanical Systems and Signal Processing, 2016, 68-69: 34-43.

[9] Cui L L, Jin Z, Huang J F, et al. Fault severity classification and size estimation for ball bearings based on vibration mechanism[J]. IEEE Access, 2019, 7: 56107-56116.

# 第3章 轴承定量诊断方法

本章在滚动轴承动力学机理研究基础上，对不同故障尺度下的轴承故障特征提取与定量评估方法展开了进一步的研究，提出了基于匹配追踪、形态滤波及卡尔曼滤波的故障特征提取、定量评估与诊断方法，实现了滚动轴承的定量诊断。

## 3.1 阶跃-冲击字典匹配追踪算法

### 3.1.1 阶跃-冲击字典的构造

当滚动轴承内部发生损伤性故障时，轴承滚动体与故障位置发生碰撞，这种碰撞可以看作弹簧阻尼系统，其振动信号序列中将出现冲击和瞬态振动特征，即故障特征信号。针对故障信号的结构特点，采用参数化函数模型的方法构造该指数衰减函数，可表达为

$$\varphi_{\mathrm{imp}}(p,u,f)=\begin{cases}K_{\mathrm{imp}}\mathrm{e}^{-p(t-u)}\sin(2\pi ft), & t\geqslant u \\ 0, & t<u\end{cases} \tag{3.1}$$

式中，$u$ 为冲击响应事件发生的初始时刻；$f$ 为系统的阻尼固有频率；$p$ 为冲击响应的阻尼衰减特性；$K_{\mathrm{imp}}$ 为归一化系数。

这种理想单脉冲仅仅适合滚动轴承局部损伤尺寸极小的情况，随着故障的恶化程度增加，即故障存在一定宽度时，故障引起的脉冲不可能仅仅呈现一种理想单脉冲状态，而是双冲击的现象[1,2]。图 3.1 提取了故障直径为 2mm 的滚动轴承外圈故障信号中的冲击特征，从图中可以清楚地看出冲击含有两个明显峰值，分别为滚动体与故障边缘刚刚接触时产生的冲击和离开故障另一边缘时产生的冲击，而使用传统的单冲击模型获得的信号如图 3.2 所示，没能对这一现象进行模拟。

通过对滚动轴承故障机理进行详细分析，可以判定故障引起的脉冲宽度与轴承的型号、测量过程中电机的转速与干扰情况以及局部损伤的面积大小

有关。

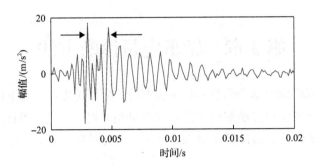

图 3.1 故障直径为 2mm 的轴承故障冲击

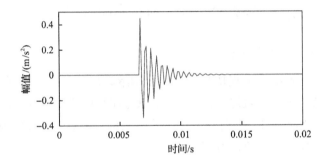

图 3.2 使用传统模型做出的冲击信号

基于上述分析，建立一种能够反映故障尺寸的新型冲击字典模型。

首先计算出滚动体在运行时的线速度以及不同故障引起的脉冲宽度，其中滚动体线速度为

$$s = \pi d f_r \tag{3.2}$$

脉冲宽度为

$$p_x = \frac{d_x}{s} \tag{3.3}$$

由故障产生的脉冲可表示为

$$x(t) = \begin{cases} 1, & u < t < u + p_x \\ 0, & 其他 \end{cases} \tag{3.4}$$

由故障产生的冲击可表示为式(3.4)中的脉冲与式(3.1)中传统冲击字典函数

模型的卷积，其表达式为

$$\varphi_{\text{imp}}(p,u,f,d_x,d,f_{\text{r}}) = \text{conv}(x(t),\varphi_{\text{imp}}(p,u,f)) \tag{3.5}$$

式中，$d$ 为轴承小径（mm）；$f_{\text{r}}$ 为转频（Hz）；$d_x$ 为故障直径（mm）；$p$ 为冲击响应的阻尼衰减特性；$u$ 为冲击响应事件发生的初始时刻（s）；$f$ 为系统的阻尼固有频率（Hz）。

使用该模型绘制故障直径为 2mm 时对应的冲击信号如图 3.3 所示，与图 3.1 相比更接近于真实的冲击信号。

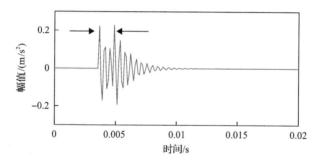

图 3.3 使用新模型做出的故障直径为 2mm 的冲击信号

上述模型充分考虑了轴承运行状态，与传统冲击字典模型相比，使用这种新型冲击字典模型所建立的原子库，可提取出滚动轴承故障冲击的真实状态。

根据图 3.4 可知，当滚动体没有进入故障区域时，处于和轴匀速旋转的过程中，此时法向上的力平衡，故没有法向上的加速度。当滚动体刚进入故障区域的时候，轴承对其的压力突然卸载，此时法向上产生向下的作用力，从而产生向下的加速度 $a_1$。规定此时加速度的方向为正方向。可以理解为，加速度在此时突然出现，即加速度产生了类似于阶跃的效应，其示意图见图 3.5 中 $t_1$ 时刻之前的部分。$t_1$ 时刻是加速度重新为零的时刻，即此时法向上的合力为 0，即滚动体与故障后边缘发生撞击的时刻。之后滚动体将要离开故障区域，滚动体重新承载起轴的压力，法向上合力的方向向上，此时产生了向上的加速度 $a_2$，这一加速度产生的形式与 $a_1$ 相似，只是方向相反，即在加速度的反方向上产生了类似于阶跃的效应，其示意图见图 3.5 中 $t_1$ 时刻之后的部分。

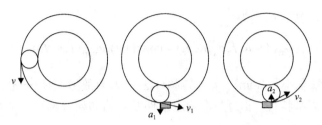

图 3.4　加速度方向整体过程示意图

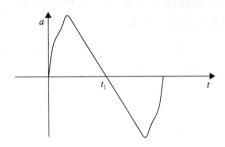

图 3.5　故障区域加速度变化示意图

而当滚动体真正与故障发生撞击的时候，撞击时间非常短，能量非常大，将会激起系统的共振，此时共振所反映出来的响应为指数衰减形式的响应，其示意图见图 3.6。

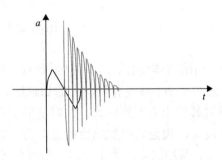

图 3.6　阶跃-冲击响应原理示意图

因此，滚动体经过故障的过程所表现出的振动形式为类似于阶跃响应的形式和指数衰减形式的叠加，而不是单纯的两次指数衰减响应的形式，第一次碰撞的响应形式为阶跃响应，第二次撞击的响应形式为冲击形式。

本节将单一理想的脉冲作用力优化为类阶跃冲击和指数衰减冲击两种形式，并且推导两次作用力之间的时间间隔与故障尺寸的定量关系。滚动体

滚过故障所需时间为

$$\Delta t_0 = \frac{l_0}{\pi D_0 f_c} \qquad (3.6)$$

式中，$l_0$ 为故障尺寸 (mm)；$D_0$ 为轴承外径 (mm)，$D_0 = D_p + d$，见图 3.7；$f_c$ 为保持架转频 (Hz)，$f_c = \frac{f_r}{2}\left(1 - \frac{d}{D}\cos\alpha\right)$，$f_r$ 为轴的转频 (Hz)，$\alpha$ 为接触角。

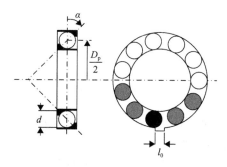

图 3.7　故障轴承截面图

因此，滚动体滚过故障所需的时间为

$$\Delta t_0 = \frac{l_0}{\pi(D_p + d)} \cdot \frac{2}{f_r\left(1 - \dfrac{d}{D_p}\right)} = \frac{2l_0 D_p}{\pi f_r\left(D_p^2 + d^2\right)} \qquad (3.7)$$

而当故障直径小于滚动体直径，滚动体与故障后边缘碰撞时，滚动体中心所经过的距离恰好为故障尺寸的一半，见图 2.8(b)，因此两次冲击之间的时间间隔为

$$\Delta t = \frac{\Delta t_0}{2} \qquad (3.8)$$

即故障尺寸与两次冲击之间时间间隔的关系式为

$$l_0 = \frac{\pi f_r\left(D_p^2 + d^2\right)}{D_p}\Delta t \qquad (3.9)$$

两次冲击分别为类阶跃响应和冲击响应,即阶跃响应发生的时刻在冲击响应发生时刻的前 $\Delta t$ 时间,冲击时刻发生的时间为 $u$,因此,阶跃响应发生的时刻为 $u - \Delta t$。冲击响应的表达式为

$$x_{\mathrm{imp}} = \mathrm{e}^{\frac{-(t-u)}{\tau}} \sin(2\pi f_{\mathrm{n}} t) \tag{3.10}$$

类阶跃响应的表达式为[3]

$$x_{\mathrm{step}} = \mathrm{e}^{\frac{-(t-u-\Delta t)}{3\tau}} \times \left[ -\cos\left( 2\pi \frac{f_{\mathrm{n}}}{6} t \right) \right] + \mathrm{e}^{\frac{-(t-u)}{5\tau}} \tag{3.11}$$

轴承故障信号基函数模型为

$$x = ax_{\mathrm{imp}} + x_{\mathrm{step}} \tag{3.12}$$

式中,$u$ 为冲击发生的时刻(s);$\tau$ 为系统阻尼系数(s);$f_{\mathrm{n}}$ 为系统固有频率(Hz);$a$ 为冲击成分与阶跃成分幅值比。

将式(3.12)作为阶跃-冲击字典的基函数模型,其中,变量 $D_0$、$D_{\mathrm{p}}$、$d$ 和 $f_{\mathrm{r}}$ 根据轴承尺寸以及设备运转情况设置,参数变量 $(u, \tau, f_{\mathrm{n}}, l, a)$ 进行离散化赋值,同样采用遗传算法构造新型阶跃-冲击原子库。其中,$u$ 取值 $(1/f_{\mathrm{s}}: N/f_{\mathrm{s}})$,步长为 $N/(1024 f_{\mathrm{s}})$,其中 $N$ 为待分析信号的长度;$\tau$ 取值 $(0.0001: 0.0016)\mathrm{s}$,步长为 $0.0001\mathrm{s}$,共 16 个数据点,4 位编码;$f_{\mathrm{n}}$ 取值 $(9000: 11048)\mathrm{Hz}$,步长为 1Hz,共 2048 个数据点,11 位编码;$l$ 取值 $(0.32: 1.38)\mathrm{mm}$,步长为 0.02mm,共 64 个数据点,6 位编码;为了简化计算,$a = 20$。通过本基函数模型构造出的原子库原子示意图见图 3.8。

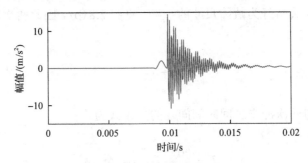

图 3.8　阶跃-冲击原子示意图

### 3.1.2　阶跃-冲击字典匹配追踪算法步骤

在建立新型稀疏分解算法定量字典基础上提出了阶跃-冲击字典匹配追踪算法的滚动轴承故障定量诊断方法[4]。首先按照 3.1.1 节所述步骤构造阶跃-冲击原子库，应用遗传算法寻优功能选取最匹配原子，重构信号，在重构信号中找出类阶跃响应发生时刻和冲击响应发生时刻，求取时间间隔，然后计算该时间间隔所对应的故障尺寸。其具体步骤如下：

(1)初始化残差和能量。将待分解信号 $f$ 赋给残差信号，得到初始残差信号 $R_0$。

(2)最匹配原子选取。首先，定义原子库见式(3.13)：

$$D(u,\tau,f_{\mathrm{n}},l_0) = \{g_i, i = 1, 2, \cdots, m\} \tag{3.13}$$

式中，$D(u,\tau,f_{\mathrm{n}},l_0)$ 为阶跃-冲击原子库；$g_i$ 为原子，$\|g_i\| = 1$，是经归一化处理后具有单位能量的原子；$m$ 为原子个数。

随后，应用遗传算法选取最匹配原子 $g_{0j}$，其中 $j$=1, 2, $\cdots$, $K$, $K$ 为迭代次数。

(3)更新残差信号。残差信号减去残差信号在最匹配原子上的投影，即可得到新的残差信号。投影系数为

$$c_j = \left\langle R_j, g_{0j} \right\rangle \tag{3.14}$$

新的残差信号为

$$R_{j+1} = R_j - c_j g_{0j} \tag{3.15}$$

(4)迭代终止。选取基于衰减系数残差比阈值的迭代终止条件，满足终止条件则匹配过程结束，否则循环执行步骤(2)和步骤(3)。

(5)信号重构。将 $K$ 次信号的匹配投影线性叠加，得到近似重构信号

$$f = \sum_{j=1}^{K} c_j g_{0j} \tag{3.16}$$

(6)故障值预估。通过 MATLAB 软件标出重构信号中阶跃响应以及冲击响应发生的时刻 $u_1$、$u_2$，并求取其时间间隔 $\Delta t'$，根据式(3.18)预估故障值 $l'$：

$$\Delta t' = u_2 - u_1 \tag{3.17}$$

$$l' = \frac{\pi f_r (D_p^2 - d^2)}{D_p} \Delta t' \tag{3.18}$$

### 3.1.3 仿真及试验验证

#### 1. 仿真信号分析

模拟轴承外圈故障信号，轴承各尺寸信息见表 3.1。设置采样频率为 65536Hz，采样点数为 2048 个点，故障尺寸为 1.2mm，轴的转速为 800r/min，系统固有频率为 10000Hz，$\tau = 0.001s$，两次冲击发生的时刻分别为 0.005s 和 0.02s。染噪的仿真信号时域波形图如图 3.9 所示。

**表 3.1　NACHI2206GK 轴承参数表**

| 轴承参数 | $d$/mm | $D_p$/mm | $\alpha$/(°) | 滚珠个数 |
| --- | --- | --- | --- | --- |
| 参数取值 | 7.95 | 45.15 | 0 | 11 |

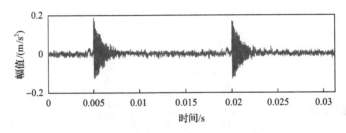

图 3.9　染噪仿真信号时域波形图

从仿真信号波形图中可以看到在大的冲击前有一个小突起的冲击存在，此即为可以反映故障尺寸的"双冲击"现象。但是小冲击极易淹没在噪声中。

应用阶跃-冲击字典匹配追踪算法对该染噪仿真信号进行故障特征提取。设置遗传算法参数：遗传算法编码长度为 31，交叉概率为 0.6，变异概率为 0.01，种群规模为 600，进化代数 50。仿真信号的重构波形见图 3.10，两次响应之间的时间间隔以及故障尺寸见表 3.2，从重构波形与原始波形的对比和表 3.2 数据可以看出，阶跃-冲击字典匹配追踪算法可以实现轴承故障的定量诊断，所求结果与故障仿真信号较为接近。

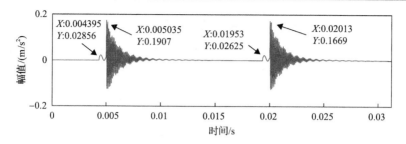

图 3.10 仿真信号重构波形

表 3.2 重构信号时间间隔及故障尺寸

| 重构形式 | 阶跃 1 | 冲击 1 | 阶跃 2 | 冲击 2 |
|---|---|---|---|---|
| 响应发生时刻/s | 0.004395 | 0.005053 | 0.01953 | 0.02013 |
| 时间间隔/s | 0.000658 | | 0.0006 | |
| 故障尺寸/mm | 1.205 | | 1.099 | |
| 平均故障/mm | 1.152 | | | |
| 误差率/% | 4 | | | |

## 2. 试验信号分析

选取新南威尔士大学(University of New South Wales,UNSW)试验台的试验数据[1],图 3.11 为外圈故障时域波形图。从图中可以看到双冲击现象的存在,并且第二次冲击能量明显高于第一次冲击的能量。

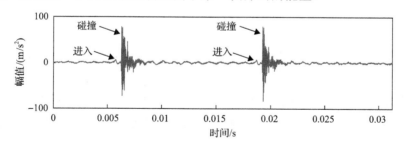

图 3.11 外圈试验信号时域波形

在本试验中所使用的轴承型号为 NACHI2206GK,其尺寸为 $d$=7.95mm,$D_p$=45.15mm,$f_r$=40/3Hz,因此,根据式(3.9)可以得到,$\Delta t = \dfrac{l_0 D_p}{\pi f_r (D_p^2 - d^2)} = $ 0.00054595$l_0$(s)。

数据采样频率为 65536Hz，截取 2048 个数据点，字典中原子长度设置为 1024 点。图 3.12 为重构时域波形，重构信号中阶跃响应以及冲击响应发生的时刻以及平均故障尺寸见表 3.3。

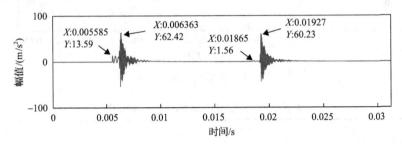

图 3.12　外圈试验信号重构时域波形

**表 3.3　重构信号时间间隔及故障尺寸**

| 重构形式 | 阶跃 1 | 冲击 1 | 阶跃 2 | 冲击 2 |
|---|---|---|---|---|
| 响应发生时刻/s | 0.005585 | 0.006363 | 0.01865 | 0.01927 |
| 时间间隔/s | | 0.000778 | | 0.00062 |
| 故障尺寸/mm | | 1.425 | | 1.136 |
| 平均故障/mm | | | 1.2805 | |
| 误差率/% | | | 6.71 | |

## 3.2　级联字典匹配追踪算法

阶跃-冲击字典匹配追踪算法可以实现故障的定量诊断，但各个匹配原子携带的故障尺寸信息与真实故障尺寸之间存在较大的偏差率，在迭代过程中,造成故障尺寸误判的原因多数是阶跃成分提取不准确，而通过"双冲击"的理论进行故障定量诊断需要准确的两次响应初始时刻。为了避免错误原子的选择并提高故障定量诊断准确率,本节在 3.1 节所提出阶跃-冲击字典的基础上进行改进，提出级联字典匹配追踪算法。

级联字典将阶跃-冲击字典拆分为两个独立的字典，级联的上级为冲击时频字典，将其输出参数即冲击发生的时刻作为输入量,进入下级类阶跃字典，通过冲击发生的时刻信息实现两个字典的级联[5]。

### 3.2.1 级联字典的构造

在级联字典中，为了更好地提取故障特征，将冲击字典作为级联字典的上级，将类阶跃字典作为级联字典的下级，将从冲击字典提取的原子输出时间参数作为下级字典的输入量实现级联。

上级字典函数模型为

$$g_{imp}(u,\tau,f_n)=e^{\frac{-(t-u)}{\tau}}\sin(2\pi f_n t) \tag{3.19}$$

下级字典函数模型为

$$g_{step}(u,\tau,f_n,\Delta t)=e^{\frac{-(t-u-\Delta t)}{3\tau}}\times\left[-\cos\left(2\pi\frac{f_n}{6}t\right)\right]+e^{\frac{-(t-u)}{5\tau}} \tag{3.20}$$

式中，$u$ 为冲击发生的时刻(s)；$\tau$ 为系统阻尼系数(s)；$f_n$ 为系统固有频率(Hz)；$\Delta t$ 为两次响应之间的时间间隔(s)。

通过式(3.19)和式(3.20)可以构造冲击原子和类阶跃原子，图 3.13 和图 3.14 分别是冲击原子和类阶跃原子示意图。

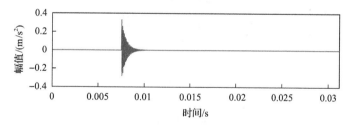

图 3.13　冲击原子示意图

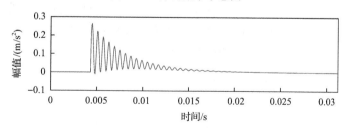

图 3.14　类阶跃原子示意图

根据以上函数模型，同样使用离散化参数赋值法构造上级字典 $G_{imp}=$

$\{g_{1i},i=1,2,\cdots,m\}$ 和下级字典 $G_{\text{step}}=\{g_{2i},i=1,2,\cdots,m\}$，其中 $m$ 为字典大小。在上级字典中，存在三个参数 $u$、$\tau$、$f_{\text{n}}$，根据被测信号确定三个变量的取值范围，其中 $u$ 根据被测信号的时间范围确定，$\tau$、$f_{\text{n}}$ 根据系统固有特性设置；而在下级字典中，存在三个参数 $\tau$、$f_{\text{n}}$、$\Delta t$，此处 $\tau$、$f_{\text{n}}$ 的设置同冲击字典，$u$ 则无须设置取值范围，即上级字典的输出量直接作为下级字典的输入，而 $\Delta t$ 根据故障尺寸设置。

其中 $u$ 即为构成级联字典的中间量，在上级字典选取最匹配原子后，返回该冲击原子的各个参数，将冲击发生的时刻 $u$ 作为输入量输入下级字典中，并设置搜索区域 $[u-\Delta t,u)$，在此搜索区域内搜寻与故障信号最匹配的阶跃响应形式。因此，在匹配追踪过程中，上级字典的最匹配原子选择只进行一次，而类阶跃原子是在冲击原子的级联作用下选取。

### 3.2.2　级联字典匹配追踪算法步骤

级联字典匹配追踪算法定量诊断的具体步骤为：

(1) 初始化。初始化残差以及能量，将待分析信号 $f$ 赋给残差信号，得到初始残差信号 $R_0=f$。

(2) 上级字典原子匹配。对 3.2.1 节中的上级字典 $G_{\text{imp}}=\{g_{1i},i=1,2,\cdots,m\}$ 进行最匹配原子 $g_{1k}$ 的选取，冲击匹配原子的选取见式 (3.21)，并返回其各个参数信息 $u$、$\tau$、$f_{\text{n}}$ 保存，并获得新的残差信号 $R_1$：

$$\left|\langle R_0,g_{1k}\rangle\right|=\sup\left\|\langle R_0,g_{1i}\rangle\right\| \tag{3.21}$$

$$R_1=R_0-\left|\langle R_0,g_{1k}\rangle\right|g_{1k} \tag{3.22}$$

(3) 下级字典原子匹配。将步骤 (2) 中 $u$ 作为字典的输入量，进入下级字典 $G_{\text{step}}=\{g_{2i},i=1,2,\cdots,m\}$，依据式 (3.23) 定义下级字典的搜索域 $\Delta u$，则第 $k$ 次迭代的阶跃匹配原子 $g_{2k}$ 选取见式 (3.24)：

$$\Delta u=[u-\Delta t,u) \tag{3.23}$$

$$\left|\langle R_{k-1},g_{2k}\rangle\right|=\sup\left\|\langle R_{k-1},g_{2i}\rangle\right\| \tag{3.24}$$

(4) 更新残差信号。依据式 (3.25) 将残差信号在每次迭代的匹配原子 $g_{2k}$ 上投影，则第 $k$ 次迭代后的残差信号为 $R_{k+1}$，其中 $K$ 为迭代次数：

$$R_{k+1} = R_k - \sum_{k=1}^{K} \langle R_k, g_{2k} \rangle g_{2k} \tag{3.25}$$

（5）检验是否满足迭代终止条件。终止条件仍然选取基于衰减系数残差比阈值，若满足则结束迭代进入步骤（6）；否则重复执行步骤（3）～（5）；

（6）信号重构。重构信号可近似表示为式（3.26）：

$$f = \sum_{i=1}^{k} \langle R_k, g_{2k} \rangle g_{2k} \tag{3.26}$$

（7）故障值预估。通过 MATLAB 软件标出重构信号时域波形中阶跃响应以及冲击响应发生的时刻 $u_1$、$u_2$，并求取其时间间隔 $\Delta t'$，根据式（3.28）预估故障值 $l'$，式（3.28）中各个参数同 3.1 节：

$$\Delta t' = u_2 - u_1 \tag{3.27}$$

$$l' = \frac{\pi f_r (D_p^2 - d^2)}{D_p} \Delta t' \tag{3.28}$$

（8）原子筛选。求取每次迭代过程阶跃匹配原子的故障尺寸与预估故障值 $l'$ 之间的偏差绝对值，并选取偏差绝对值最小的原子，记录其反映出来的故障尺寸作为二次预估值 $l'_g$：

$$|\sigma|_{min} = \min \| l_0 - l'_g \| \tag{3.29}$$

（9）定量诊断。最终故障尺寸 $l$ 即为预估故障与二次预估值的平均值：

$$l = \frac{1}{2}(l' + l'_g) \tag{3.30}$$

### 3.2.3 仿真及试验验证

为了与阶跃-冲击字典匹配追踪算法对比，本书使用的仿真信号和试验信号均与 3.1 节相同。阶跃-冲击字典每次从残差信号中提取的是阶跃-冲击形式的原子，如图 3.8 所示，从图中可以看出，冲击成分所占的比重相比于类阶跃成分要大。而对于故障尺寸的判断需要两部分成分都比较准确，单纯保证冲击原子时频成分的准确无法实现定量诊断，因此，提高类阶跃成分的匹配是定量诊断的关键。级联字典匹配追踪算法合理地避免了高能量冲击成分对阶跃成分提取的影响，冲击成分只提取一次，随后将其匹配原子信息中冲击发生时刻信息作为输入量，输入到类阶跃字典中，此后，在类阶跃字典中反复迭代寻找类阶跃原子。

### 1. 仿真信号分析

应用级联字典匹配追踪算法处理仿真信号，迭代终止条件为基于衰减系数的残差比阈值，其中 $a$ 取 0.6。在本次计算中，截取的第一段数据匹配出 3 个类阶跃原子进行重构，截取的第二段数据匹配 2 个类阶跃原子进行重构。仿真信号的原始波形见图 3.15，重构信号波形见图 3.16，各个冲击匹配原子时域波形见图 3.17，各个阶跃匹配原子(原子 1、原子 2、原子 3、原子 4 和原子 5)时域波形图见图 3.18，详细参数见表 3.4。

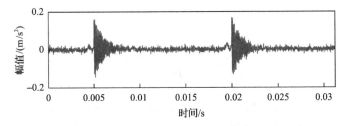

图 3.15　仿真信号原始时域波形图

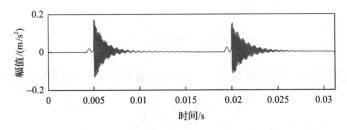

图 3.16　仿真信号重构信号时域波形图

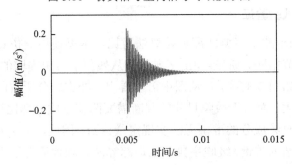

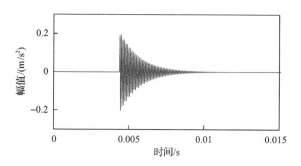

图 3.17 　 两段冲击匹配原子

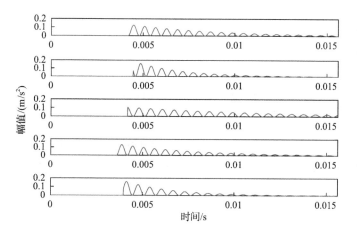

图 3.18 　 两段类阶跃匹配原子

**表 3.4 　 仿真信号各匹配原子参数**

| 重构形式 | 原子 | $l_0$/mm | $\tau$/s | $f_n$/Hz | 偏差/mm | 实际偏差率/% |
|---|---|---|---|---|---|---|
| | 原子 1 | 1.21 | 0.0009 | 10034 | 0.01 | 0.83 |
| 第一段数据 | 原子 2 | 0.75 | 0.0005 | 10458 | 0.45 | 37.5 |
| | 原子 3 | 1.28 | 0.0015 | 9384 | 0.08 | 6.67 |
| 第二段数据 | 原子 4 | 1.23 | 0.0008 | 10079 | 0.03 | 2.5 |
| | 原子 5 | 0.6 | 0.0005 | 9427 | 0.6 | 50 |
| 平均 | | | | | | 19.5 |

　 　 从重构结果可以看出 , 级联字典匹配追踪算法可以将故障特征成分有效准确地提取出来 , 剔除掉了大部分的噪声成分 , 重构效果良好 。

依照 3.2.2 节所述故障定量诊断方法，首先进行故障预估，即通过分析重构信号的时域波形图来获得类阶跃响应和冲击响应发生的时刻，再根据时间间隔预估故障。时域波形图分析见图 3.19，预估响应发生时刻及故障预估值见表 3.5。

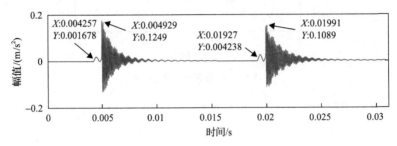

图 3.19　故障预估示意图

**表 3.5　仿真信号故障尺寸信息**

| 重构形式 | 阶跃 1 | 冲击 1 | 阶跃 2 | 冲击 2 |
|---|---|---|---|---|
| 响应发生时刻/s | 0.004257 | 0.004929 | 0.01927 | 0.01991 |
| 时间间隔/s | 0.00067 | | 0.00064 | |
| 故障尺寸/mm | 1.22 | | 1.17 | |
| 平均故障/mm | 1.195 | | | |
| 误差率/% | 0.42 | | | |

从表 3.5 可以看出，通过故障预估得到的故障尺寸为 1.195mm，与实际故障存在 0.42% 的误差率。

### 2. 试验信号分析

应用级联字典匹配追踪算法处理试验信号，迭代终止条件为基于衰减系数的残差比阈值，其中 $a$ 取 0.6，截取的第一段数据匹配出来 2 个类阶跃原子用于信号的重构，截取的第二段数据匹配处 2 个类阶跃原子用于信号的重构。试验信号的原始波形见图 3.20，重构信号波形见图 3.21，各个冲击匹配原子时域波形见图 3.22，各个类阶跃匹配原子(原子 1、原子 2、原子 3 和原子 4)时域波形图见图 3.23，原子 1～原子 4 的各个参数见表 3.6。从图 3.20 可以看出，试验信号中，阶跃成分被背景噪声所淹没，而图 3.21 的重构信号将并不明显的类阶跃相应成分提取出来，重构效果较好。

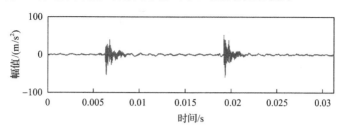

图 3.20　试验信号时域波形图

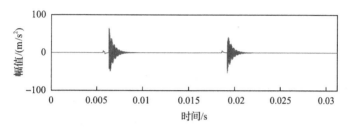

图 3.21　试验信号重构信号时域波形图

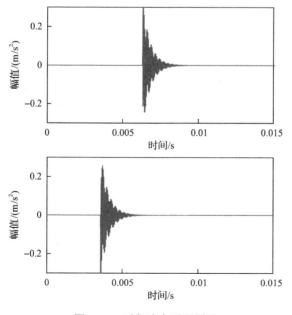

图 3.22　两段冲击匹配原子

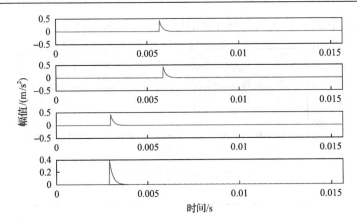

图 3.23　两段类阶跃匹配原子

**表 3.6　试验信号各匹配原子参数**

| 重构形式 | 原子 | $l_0$/mm | $\tau$/s | $f_n$/Hz | 偏差/mm | 实际偏差率/% |
|---|---|---|---|---|---|---|
| 第一段数据 | 原子 1 | 1.15 | 0.0005 | 20752 | 0.05 | 4.17 |
|  | 原子 2 | 0.82 | 0.0005 | 19099 | 0.38 | 31.67 |
| 第二段数据 | 原子 3 | 1.06 | 0.0005 | 19461 | 0.14 | 11.67 |
|  | 原子 4 | 1.21 | 0.0006 | 20852 | 0.01 | 0.83 |
| 平均 |  |  |  |  |  | 12.08 |

　　依照 3.2.2 节所述故障定量诊断方法，首先进行故障预估，即通过分析重构信号的时域波形来获得类阶跃响应和冲击响应发生的时刻，再根据时间间隔预估故障。时域波形图分析见图 3.24，预估响应发生时刻及故障预估值见表 3.7。

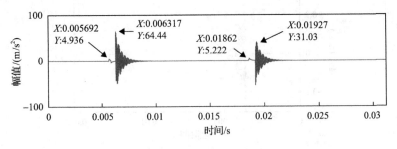

图 3.24　故障预估示意图

**表 3.7　试验信号故障尺寸信息**

| 重构形式 | 阶跃 1 | 冲击 1 | 阶跃 2 | 冲击 2 |
|---|---|---|---|---|
| 响应发生时刻/s | 0.005692 | 0.006317 | 0.01862 | 0.01927 |
| 时间间隔/s | 0.000625 | | 0.00065 | |
| 故障尺寸/mm | 1.14 | | 1.19 | |
| 平均故障/mm | 1.165 | | | |
| 误差率/% | 2.92 | | | |

从表 3.7 可以看出，通过故障预估得到的故障尺寸为 1.165mm，与实际故障存在 2.92%的误差率。本节方法不仅提高了原子选择的准确性，同时也提高了计算效率，见表 3.8。

**表 3.8　算法计算时间**

| 算法 | 所用时间/s |
|---|---|
| 阶跃-冲击字典匹配追踪算法 | 39.4 |
| 级联字典匹配追踪算法 | 34.9 |

# 3.3　改进形态滤波定量诊断算法

本节依据故障响应机理，提出改进的冲击型结构元素，实现了基于改进形态滤波算法的定量诊断。

## 3.3.1　形态滤波算法

形态滤波(morphological filtering，MF)是基于数学形态学理论的一种非线性滤波算法，运算方法建立在积分几何及随机集理论基础之上，通过积分几何算法可以直观地分析信号的间接测量参数，通过随机集理论能够更为贴切地描述信号的随机性质。在某种情况下，如果对信号进行变换处理时会导致信号扭曲变形，改变信号的几何特征，采用形态滤波处理信号就能避免此类状况的发生，从而保持信号几何结构特征。形态滤波只涉及加减法和极值运算，相关参数选择较少，因此在处理信号时，形态滤波处理效率比其他常用时频域方法更快捷。

形态滤波过程是利用结构元素(structural element，SE)将噪声和脉冲使用结构元素替换，达到还原信号几何结构、滤除信号噪声、获得信号有用信息的目的。

形态滤波中运用到的 4 种基本运算是膨胀、腐蚀、开和闭运算[6]。设定分析信号为 $f(n)$，$n=0,1,\cdots,N-1$，$N$ 为采样点数。定义结构元素序列为 $g(m)$，$m=0,1,\cdots,M-1$，$M$ 为结构元素宽度，且 $N \geqslant M$，则 $f(n)$ 关于 $g(m)$ 的腐蚀和膨胀分别定义为

$$(f \ominus g)(n) = \min_m \{f(n+m) - g(m)\} \tag{3.31}$$

$$(f \oplus g)(n) = \max_m \{f(n-m) + g(m)\} \tag{3.32}$$

$f(n)$ 关于 $g(m)$ 的开运算和闭运算分别定义为

$$(f \circ g)(n) = (f \ominus g \oplus g)(n) \tag{3.33}$$

$$(f \bullet g)(n) = (f \oplus g \ominus g)(n) \tag{3.34}$$

开运算可以削弱信号中的正脉冲噪声，消除散点、毛刺。闭运算具有扩张性，可以抑制信号负脉冲噪声，填平断点。除了上述 4 种基本的形态学运算，还可以采用开、闭运算的级联组合形式，定义形态开-闭、闭-开滤波器。两种运算合理搭配可同时发挥两种算子的优势，滤除正负脉冲噪声，减小滤波误差，改善滤波效果。

### 3.3.2 改进冲击型结构元素

形态滤波中的结构元素在很大程度上决定了滤波效果和处理时间。不同结构元素具有不同的滤波效果，针对信号特点选取合适的结构元素进行滤波具有重要意义。结构元素的形状和宽度对形态滤波效果影响显著，信号基元只有与结构元素的形状和宽度相匹配才会被保留。常用的结构元素有直线形、三角形、余弦形以及半圆形等，结构元素的长度则需要介于噪声长度与信号长度之间来实现降噪。

构造基于振动信号响应特征的冲击原子作为形态滤波新型结构元素，并与直线型结构元素的滤波结果进行比较。根据 3.1.1 节中关于冲击原子建立方法，可获得新型冲击型结构元素。

### 3.3.3 试验验证

#### 1. 不同结构元素形态滤波特征提取

为了验证所提出特征提取算法的有效性，采用了两组不同的试验台数据，

第一组试验数据来自转子动力学试验台，如图 3.25 所示。第二组试验数据来自新南威尔士大学的风机叶片试验台。为便于区分，分别将两个试验台的试验数据命名为数据-1 和数据-2。数据-1 包含故障长度分别为 1mm、2mm、3mm、4mm 的四组试验信号，数据-2 包含在转速 800r/min 下轴承外圈 0.6mm 和 1.2mm 两种故障尺寸的振动信号。

图 3.25　转子动力学试验台示意图

选定某一周期轴承故障振动信号，随后选取结构元素的形状和长度，应用形态滤波对信号进行降噪。将直线形结构元素形态滤波算法应用于数据-1 的振动信号，结果如图 3.26 所示。冲击原子型结构元素处理数据-1 的形态滤波结果如图 3.27 所示。对数据-2 分别使用直线形结构元素和冲击原子型结构元素进行形态滤波，结果分别如图 3.28 和图 3.29 所示。

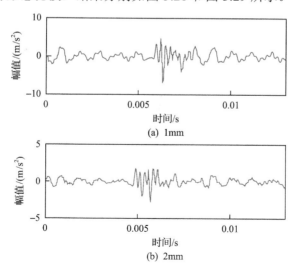

(a) 1mm

(b) 2mm

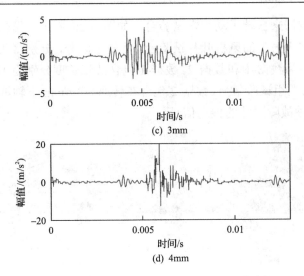

(c) 3mm

(d) 4mm

图 3.26　数据-1 直线形结构元素形态滤波结果

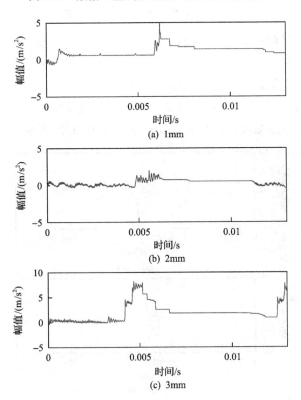

(a) 1mm

(b) 2mm

(c) 3mm

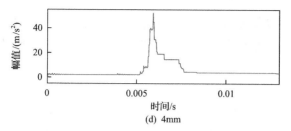

(d) 4mm

图 3.27　数据-1 冲击原子型结构元素形态滤波结果

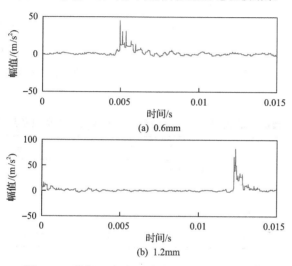

(a) 0.6mm

(b) 1.2mm

图 3.28　数据-2 直线形结构元素形态滤波结果

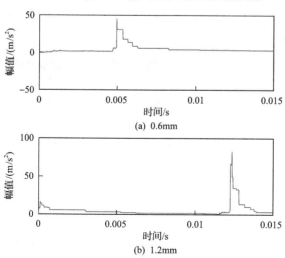

(a) 0.6mm

(b) 1.2mm

图 3.29　数据-2 冲击原子型结构元素形态滤波结果

对比直线形结构元素与冲击原子型结构元素的形态滤波结果,可以发现冲击原子型结构元素形态滤波可以去除大部分噪声,并保留故障冲击响应。

### 2. 故障尺寸估算

从 3.3.2 节形态滤波的处理结果中提取各个冲击特征发生的时刻,估算故障尺寸。数据-1 的四种故障尺寸振动响应各冲击时刻及尺寸估算结果如表3.9 所示,其中能够提取进入点 A 和退出点 C 的发生时刻,但是无法提取卸载点 B。由于长度为 1mm 和 2mm 的故障尺寸相对较小,在振动信号中反映为单冲击响应,无法估算其故障尺寸。对于长度为 3mm 和 4mm 的故障估算结果分别为 2.803mm 和 3.742mm,对应的误差率分别为 6.57%和6.453%。

**表 3.9 数据-1 的四种故障尺寸振动响应各冲击时刻提取及尺寸估算**

| 故障尺寸 | 进入点 A 时刻/s | 退出点 C 时刻/s | 时间间隔/s | 估算尺寸/mm | 误差率/% |
|---|---|---|---|---|---|
| 1mm | — | 0.006195 | — | — | — |
| 2mm | — | 0.004898 | — | — | — |
| 3mm | 0.002823 | 0.004211 | 0.001388 | 2.803 | 6.57 |
| 4mm | 0.003754 | 0.005920 | 0.002166 | 3.742 | 6.45 |

数据-2 的两种故障尺寸振动响应各冲击时刻及尺寸估算结果如表 3.10 所示,长度为 0.6mm 和 1.2mm 故障的估算结果分别为 0.548mm 和 1.302mm,对应的误差率分别为 8.67%和 8.50%。

**表 3.10 数据-2 的两种故障尺寸振动响应各冲击时刻提取及尺寸估算**

| 故障尺寸 | 进入点 A 时刻/s | 退出点 C 时刻/s | 时间间隔/s | 估算尺寸/mm | 误差率/% |
|---|---|---|---|---|---|
| 0.6mm | 0.004654 | 0.004959 | 0.000305 | 0.548 | 8.67 |
| 1.2mm | 0.011490 | 0.012250 | 0.00076 | 1.302 | 8.50 |

## 3.4 开关卡尔曼滤波算法

卡尔曼滤波算法是利用系统状态方程,通过系统输入输出观测数据,并对系统状态进行最优估计的算法,在故障定量诊断中具有潜力。

### 3.4.1  开关卡尔曼滤波算法步骤

卡尔曼滤波器(Kalman filter,KF)是一种随机滤波过程,通过最小化均方误差来递归估计存在测量噪声和过程噪声动态系统状态。卡尔曼滤波器由描述线性过程的离散状态空间模型组成,其公式如下:

$$x_t = A_{t-1}x_{t-1} + q_{t-1} \tag{3.35}$$

$$y_t = H_t x_t + r_t \tag{3.36}$$

式中,$x_t$ 是系统的真实但隐藏状态;$y_t$ 是该状态的可观察量度;$A$ 是描述系统动力学的基本矩阵;$H_t$ 是测量矩阵;$q_{t-1} \sim N(0, Q_t)$ 是过程噪声;$r_{t-1} \sim N(0, R_t)$ 是测量噪声。给定测量值,卡尔曼滤波器通过滤除噪声来估计 $x_t$ 的值。这是通过"预测"和"更新"步骤执行的,下面介绍该步骤的执行过程。

预测步骤:

预测状态估计

$$\hat{x}_t = A_t x_{t-1} \tag{3.37}$$

预测估计协方差

$$\widehat{P}_t = A_t P_{t-1} A_t^{\mathrm{T}} + Q_t \tag{3.38}$$

更新步骤:

测量残差

$$v_t = y_t - H_t \hat{x}_{t|t-1} \tag{3.39}$$

残差协方差

$$C_t = H_t \widehat{P}_t H_t^{\mathrm{T}} + R_t \tag{3.40}$$

卡尔曼增益

$$K_t = \widehat{P}_t H_t^{\mathrm{T}} C_t^{-1} \tag{3.41}$$

更新状态估计

$$x_t = \hat{x}_t + K_t v_t \tag{3.42}$$

更新估计协方差

$$P_t = (I - K_t H_t)\widehat{P}_t \tag{3.43}$$

实际中系统状态可能处于不断变化的过程中，对于状态不唯一的系统，提出开关卡尔曼滤波(SKF)算法。首先分析系统各种可能存在的状态，并针对每种状态建立相应的卡尔曼滤波器。随后通过计算每时刻各状态的概率，进而分析该时刻系统可能状态。

开关卡尔曼滤波器可以表示为动态贝叶斯网络。每个模型 $S_t$ 都可以使用卡尔曼滤波器表示。开关卡尔曼滤波的计算过程如下。依据贝叶斯估计理论，对于由 $l$ 个卡尔曼滤波器描述的动态系统，模型变换概率

$$S_k^{i|j} = \frac{Z_{ij} S_{k-1}^i}{\sum_{i=1}^{l} Z_{ij} S_{k-1}^i} \tag{3.44}$$

式中，$S_k^{i|j}$ 表示模型从 $k-1$ 时刻的模型 $i$ 变换到 $k$ 时刻的模型 $j$ 的概率；$S_{k-1}^i$ 表示 $k-1$ 时刻系统是模型 $i$ 的概率；$Z_{ij}$ 表示模型转移概率。

加权状态和协方差估计如下：

$$\tilde{X}_{k-1}^j = \sum_{i=1}^{l} S_k^{i|j} X_{k-1}^i \tag{3.45}$$

$$\tilde{P}_{k-1}^j = \sum_{i=1}^{l} S_k^{i|j} \left[ P_{k-1}^i + (X_{k-1}^i - X_{k-1}^j)(X_{k-1}^i - X_{k-1}^j)^{\mathrm{T}} \right] \tag{3.46}$$

式中，$X_{k-1}^i$ 表示 $k-1$ 时刻模型 $i$ 的后验状态估计值；$P_{k-1}^i$ 表示 $k-1$ 时刻模型 $i$ 的后验估计协方差。

将式(3.45)和式(3.46)计算的加权状态和协方差代入到滤波器工作过程中，可得每个模型对应的最优状态估计 $\hat{X}_{k-1}^j$ 和协方差估计 $\hat{P}_{k-1}^j$。

每个滤波器模型的似然估计计算如下：

$$L_k^i = N(V_k^i; 0, C_k^i) \tag{3.47}$$

将测量残差 $V_k$ 和残差协方差 $C_k$ 代入式 (3.47)，则 $k$ 时刻每个模型的概率为

$$S_k^i = \frac{L_k^i \sum_{i=1}^{l} Z_{ij} S_{k-1}^i}{\sum_{i=1}^{l} \left( L_k^i \sum_{i=1}^{l} Z_{ij} S_{k-1}^i \right)} \tag{3.48}$$

更新的加权状态和协方差计算如下：

$$X_k = \sum_{i=1}^{l} S_k^i X_k^i \tag{3.49}$$

$$P_k = \sum_{i=1}^{l} S_k^i \left[ P_k^i (X_k^i - X_k)(X_k^i - X_k)^{\mathrm{T}} \right] \tag{3.50}$$

### 3.4.2　基于信号特征的滤波器模型

针对故障轴承振动信号中故障冲击与正常两种确定性成分，分别建立相应的卡尔曼滤波器，随后使用开关卡尔曼滤波算法对振动信号进行滤波与状态识别。其中，将高频衰减振动视为质量-阻尼-弹簧模型的振动响应，将低幅值的低频正常振动视为水平直线，利用开关卡尔曼滤波算法可滤除信号中的大部分噪声，识别出高频脉冲冲击振动，进而实现滚动轴承的故障特征提取。

轴承的状态用振动加速度响应表示

$$X_1 = \ddot{x}, \quad X_2 = \dot{X}_1 \tag{3.51}$$

式中，$x$ 是系统的振动位移响应，则状态矢量为

$$X(t) = \begin{bmatrix} X_1 \\ X_2 \end{bmatrix} \tag{3.52}$$

轴承的正常振动幅值较低，波动较为缓慢，从波形特征上看，将其视为线性模型，则此时的状态转移矩阵 $A_1$ 为

$$A_1 = \begin{bmatrix} 1 & 0 \\ 0 & 1 \end{bmatrix} \tag{3.53}$$

过程噪声矩阵可由传递函数方法计算得出，过程噪声矩阵 $Q(k)$ 可以表示为[7]

$$Q(k) = \begin{bmatrix} E[x_1, x_1] & 0 \\ 0 & E[x_2, x_2] \end{bmatrix} \tag{3.54}$$

式中，$E[x_i, x_i]\,(i=1,2)$ 是均方误差，计算如下：

$$E[x_i, x_i] = \int_0^{T_s} \int_0^{T_s} g_i(u) g_i(v) E[W(u)W(v)] \mathrm{d}u \mathrm{d}v \tag{3.55}$$

式中，$T_s$ 为采样间隔。其中，权重函数

$$g_i(\cdot) = L^{-1}\big(G_i(s)\big), \quad i = 1, 2 \tag{3.56}$$

$G_i(s)$ 是第 $i$ 个状态指标的传递函数，分别计算如下：

$$G\big(F_{\text{fault}}(s) \text{ to } X_1\big) = G_1(s) = \frac{1}{ms^2 + cs + k} \tag{3.57}$$

$$G\big(F_{\text{fault}}(s) \text{ to } X_2\big) = G_2(s) = \frac{1}{ms^2 + cs + k} \tag{3.58}$$

式中，$F_{\text{fault}}$ 是故障引起的冲击力；$c$ 为等效阻尼。

当滚动体滚过故障区域引起异常振动冲击时，简化的轴承系统的振动微分方程如下：

$$m\ddot{x} + c\dot{x} + kx = F_{\text{fault}} \tag{3.59}$$

式中，$m$ 为外圈及轴承座等效质量；$k$ 为等效刚度。

系统的状态空间模型为

$$\begin{bmatrix} \dot{X}_1 \\ \dot{X}_2 \end{bmatrix} = \begin{bmatrix} 0 & 1 \\ -\dfrac{k}{m} & -\dfrac{c}{m} \end{bmatrix} \begin{bmatrix} X_1 \\ X_2 \end{bmatrix} + \begin{bmatrix} 0 \\ \dfrac{F_{\text{fault}}}{m} \end{bmatrix} + \begin{bmatrix} W_1 \\ W_2 \end{bmatrix} \tag{3.60}$$

取采样间隔为 $T_s$，则系统的离散状态非常方程为

$$\begin{bmatrix} X_1(k+1) \\ X_2(k+1) \end{bmatrix} = A_2 \begin{bmatrix} X_1(k) \\ X_2(k) \end{bmatrix} + \begin{bmatrix} 0 \\ \dfrac{F_{\text{fault}}}{m} T_s \end{bmatrix} + \begin{bmatrix} W_1 \\ W_2 \end{bmatrix} \tag{3.61}$$

其中状态转移矩阵 $A_2$ 为

$$A_2 = \begin{bmatrix} 1 & T_s \\ -\dfrac{k}{m} T_s & 1 - \dfrac{c}{m} T_s \end{bmatrix} \tag{3.62}$$

测量指标选为加速度，则测量矢量为

$$Y(t) = \ddot{x} \tag{3.63}$$

测量矩阵为

$$H = \begin{bmatrix} 0 & 1 \end{bmatrix} \tag{3.64}$$

测量误差 $R$ 一般选取的是轴承无故障时测量数据的方差。设置初始值，模型的转移矩阵为

$$Z = \begin{bmatrix} 0.999 & 0.001 \\ 0.001 & 0.999 \end{bmatrix} \tag{3.65}$$

状态转移概率的选取是基于系统趋向于保持原来状态的性质，即当 $i=j$ 时，$Z_{ij} \sim 1$，当 $i=j$ 时，$Z_{ij} \sim 0$。

初始模型的概率为

$$S_0 = \begin{bmatrix} 0.5 & 0.5 \end{bmatrix} \tag{3.66}$$

这样选取是由于轴承刚开始旋转工作时，滚动体有可能恰好位于故障位置处，也有可能不在故障处。

初始状态设置为

$$X_0 = Y(1) \tag{3.67}$$

即选取第一次测量的值作为滤波的初始状态。

初始协方差矩阵为

$$P_0 = \begin{bmatrix} 1 & 0 \\ 0 & 1 \end{bmatrix} \tag{3.68}$$

### 3.4.3 试验验证

1. 定量特征提取结果分析

对数据-1 进行处理分析，结果如图 3.30 所示，基本滤除了原始信号中的噪声成分，突出了故障引起的高频衰减振动，其中从图 3.30(c) 和(d) 中可以提取长度为 3mm、4mm 的故障振动信号定量特征点，而长度为 1mm 和 2mm 的滤波结果仍然表现为单冲击响应。由图 3.31 可见，在滚珠进入故障时刻，由于信号从无冲击到阶跃冲击，其状态发生了变化。数据-2 的滤波结果如图 3.32 所示，提取出滚动体经过故障区域所引起的阶跃响应和冲击响应，同时还提取出对于提高尺寸估算精度有重要作用的第三点卸载点，将三个特征点对应的发生时刻及其时间间隔代入到新型故障尺寸估算模型中，可验证该模型及特征提取算法。

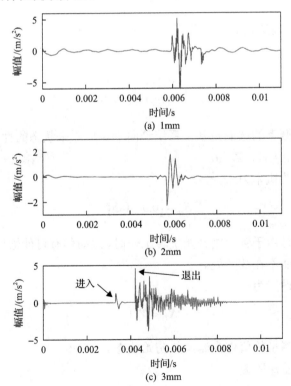

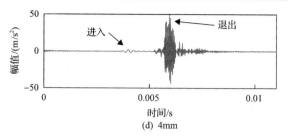

(d) 4mm

图 3.30　数据-1 的 SKF 处理结果

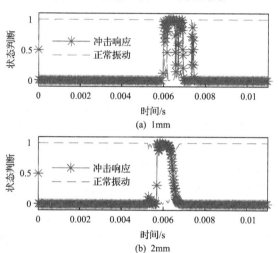

(a) 1mm

(b) 2mm

图 3.31　数据-1 小尺寸故障的状态判断

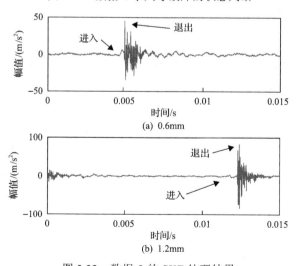

(a) 0.6mm

(b) 1.2mm

图 3.32　数据-2 的 SKF 处理结果

## 2. 故障尺寸估算

提取各特征时间点代入故障尺寸估算公式,数据-1 的四种故障尺寸振动响应中各冲击时刻及尺寸估算结果见表 3.11。长度为 3mm 和 4mm 的故障尺寸估算结果分别为 2.934mm 和 4.098mm,对应误差率分别为 2.20%和 2.45%,与上一节形态滤波的结果相比明显降低。

表 3.11　数据-1 的两种故障尺寸振动响应各冲击时刻提取及尺寸估算

| 故障尺寸 | 进入点 A 时刻/s | 卸载点 B 时刻/s | 退出点 C 时刻/s | 估算结果/mm | 误差率/% |
|---|---|---|---|---|---|
| 1mm | — | — | 0.004501 | — | — |
| 2mm | — | — | 0.003403 | — | — |
| 3mm | 0.003174 | 0.003342 | 0.004623 | 2.934 | 2.20 |
| 4mm | 0.001450 | 0.001740 | 0.003662 | 4.098 | 2.45 |

数据-2 的两种故障尺寸振动响应中各冲击时刻及尺寸估算结果见表 3.12,长度为 0.6mm 和 1.2mm 的故障尺寸估算结果分别为 0.586mm 和 1.178mm,对应的误差率分别为 2.33%和 1.83%,与形态滤波算法提取特征的估算结果相比,大大降低了估算误差率。

表 3.12　数据-2 的两种故障尺寸振动响应各冲击时刻提取及尺寸估算

| 故障尺寸 | 进入点 A 时刻/s | 卸载点 B 时刻/s | 退出点 C 时刻/s | 估算结果/mm | 误差率/% |
|---|---|---|---|---|---|
| 0.6mm | 0.003143 | 0.003326 | 0.003464 | 0.586 | 2.33 |
| 1.2mm | 0.004532 | 0.004654 | 0.005173 | 1.178 | 1.83 |

从以上两组试验信号分析结果验证了所提出的开关卡尔曼滤波方法在判断轴承状态和故障特征提取方面的有效性,将尺寸估算结果的误差率都降低至 5%以下。

本章介绍了基于阶跃-冲击字典与级联字典匹配追踪、改进冲击结构元素形态滤波和开关卡尔曼滤波的故障特征提取、定量评估与诊断方法,实现了滚动轴承的定量诊断,将定量诊断误差率控制在 0.42%~8.67%。

## 参 考 文 献

[1] Sawalhi N, Randall R B. Vibration response of spalled rolling element bearing: Observations, simulations and signal processing techniques to track the spall size[J]. Mechanical Systems and Signal Processing, 2011, 25: 846-870.

[2] 王婧. 稀疏分解在滚动轴承故障诊断中的优化与应用研究[D]. 北京: 北京工业大学, 2013.

[3] Dowling M J. Application of non-stationary analysis to machinery monitoring[C]. IEEE International Conference on Acoustics, Speech, and Signal Processing, Minneapolis, 1993: 59-62.

[4] Cui L L, Wu N, Ma C Q, et al. Quantitative fault analysis of roller bearings based on a novel matching pursuit method with a new step-impulse dictionary[J]. Mechanical Systems and Signal Processing, 2016, 68-69: 34-43.

[5] Cui L L, Wang X, Wang H Q, et al. Improved fault size estimation method for rolling element bearings Based on concatenation dictionary[J]. IEEE Access, 2019, 7: 22710-22718.

[6] Serra J, Vincent L. An overview of morphological filtering[J]. Circuits Systems and Signal Processing, 1992, 11(1): 47-108.

[7] Khanam S, Dutt J K, Tandon N. Extracting rolling element bearing faults from noisy vibration signal using Kalman filter[J]. Journal of Vibration and Acoustics, 2014, 136(3): 031008.

# 第4章 定量趋势分析与预测方法

本章主要介绍基于 Lempel-Ziv 复杂度和多尺度排列熵的定量趋势分析方法及基于卡尔曼滤波的趋势预测方法。

## 4.1 基于 Lempel-Ziv 复杂度的趋势分析

### 4.1.1 Lempel-Ziv 复杂度计算方法

Lempel-Ziv 复杂度是对某个时间序列随其长度增长出现新模式的速率反映，表现了序列接近随机的程度。其物理意义是：若序列段按时间顺序较多次地重复其以前的序列段，该序列的复杂度较低；若序列段按时间顺序较少次地重复其以前的序列段，该序列的复杂度较高。也即，序列的复杂度越大，序列中的周期成分越少，序列越无规律，趋近于随机状态，序列包含的频率成分越丰富，说明系统的复杂性越大；序列的复杂度越小，序列中周期成分越明显，越趋于周期状态，序列包含的频率成分较少，说明系统的复杂性越低。

Lempel-Ziv 复杂度的基本过程是：将信号转换成二进制序列。即如果 $X(i) \geq \text{mean}(X(n))$ $(i=1,2,\cdots,n)$，则定义 $S(i)=1(i=1,2,\cdots,n)$，否则 $S(i)=0$。从而得到序列 $S_n=\{s_1,s_2,\cdots,s_n\}$。定义信号的复杂度为 $C_n(r)$，经过 $n$ 次循环得到最终的复杂度。

(1) 当 $r=0$ 时，定义 $S_{v,0}=\{\}$，$Q_0=\{\}$，$C_n(0)=0$。当 $r=1$ 时，令 $Q_1=\{Q_0 s_1\}$，由于 $Q_1$ 不属于 $S_{v,0}$，则 $C_n(1)=C_n(0)+1=1$，$Q_1=\{\}$，$r=r+1$；

(2) 令 $Q_r=\{Q_{r-1} s_r\}$，$S_{v,r-1}=\{S_{v,r-2} s_{r-1}\}$，判断 $Q_r$ 是否属于 $S_{v,r-1}$。若是，则 $C_n(r)=C_n(r-1)$，$r=r+1$。若否，则 $C_n(r)=C_n(r-1)+1$，$Q_r=\{\}$，$r=r+1$；重复步骤(2)共 $n$ 次循环。

上述 $C_n(r)$ 值受序列 $S(n)$ 的长度 $n$ 影响明显，为了得到相对独立的指标，Lempel 和 Ziv 进一步提出如下归一化公式：

$$0 \leqslant C_n = \frac{C_n(n)}{C_{\text{ul},n}} \leqslant 1 \tag{4.1}$$

$$C_{\text{ul},n} = \lim_{n \to \infty} C_n(n) = \frac{n}{\log_2 n} \tag{4.2}$$

通过归一化计算出 Lempel-Ziv 复杂度。Lempel-Ziv 算法流程见图 4.1。

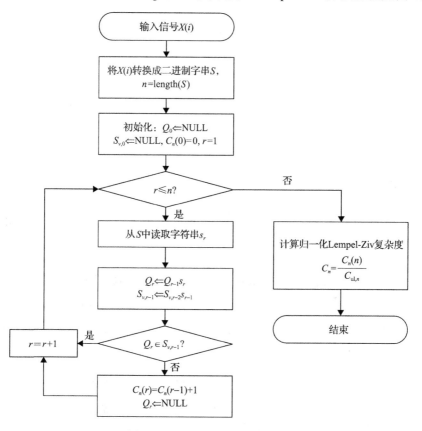

图 4.1　Lempel-Ziv 算法流程图

基于 Lempel-Ziv 复杂度指标的滚动轴承故障程度趋势分析，需要将高频载波和低频调制波对复杂度的影响考虑在内，主要步骤如下：

（1）求取高频载波 Lempel-Ziv 复杂度。对数据求取均值，所有幅值大于或者等于均值的时刻用 1 代替，所有幅值小于 1 的用 0 代替，得到一个二进制序列。按照上述方法求得归一化的 Lempel-Ziv 复杂度指标 $C_{n,\text{NH}}$。

（2）求取低频调制波 Lempel-Ziv 复杂度。对数据求取包络，同样进行二进制化，得到归一化后的 Lempel-Ziv 复杂度指标 $C_{n,\text{NL}}$。

(3) 求取最终 Lempel-Ziv 复杂度综合指标。依据式(4.3)求取 Lempel-Ziv 复杂度综合指标

$$C_n = w_h C_{n,\text{NH}} + w_l C_{n,\text{NL}} \tag{4.3}$$

式中，$w_h$ 和 $w_l$ 分别代表高频载波和低频调制波的权值系数，文献[1]指出，由于内、外圈故障信号组成成分的差异，权值系数 $w_h$ 和 $w_l$ 的取值也有所区别，根据经验值，二者取值选取如下：

内圈故障

$$\begin{cases} w_h = 1/3 \\ w_l = 2/3 \end{cases} \tag{4.4}$$

外圈故障

$$\begin{cases} w_h = 1/2 \\ w_l = 1/2 \end{cases} \tag{4.5}$$

### 4.1.2　基于匹配追踪算法与 Lempel-Ziv 复杂度的定量趋势分析

本节主要以冲击字典和调制字典为例，构造基函数模型，通过参数赋值法构造由冲击字典 $G_{\text{imp}} = \{g_{1i}, i = 1, 2, \cdots, m\}$ 和调制字典 $G_{\text{mod}} = \{g_{2i}, i = 1, 2, \cdots, m\}$ 组成的双字典。

其中，冲击字典的基元函数是指数衰减函数，其函数模型为

$$g_{\text{imp}}(p, u, f_{\text{imp}}, \varPhi) = \begin{cases} K_{\text{imp}} \mathrm{e}^{-p(t-u)} \sin[2\pi f_{\text{imp}}(t-\varPhi)], & t \geqslant u \\ 0, & t < u \end{cases} \tag{4.6}$$

式中，$p$ 为冲击响应的阻尼衰减特征；$u$ 为冲击响应发生的时刻；$f_{\text{imp}}$ 为对应于系统的阻尼固有频率；$\varPhi$ 为相位偏移；$K_{\text{imp}}$ 为归一化系数。

调制字典的基元函数是幅值调制函数，函数模型为

$$g_{\text{mod}}(f_1, f_2) = K_{\text{mod}}[1 + \cos(2\pi f_1 t)] \cos(2\pi f_2 t) \tag{4.7}$$

式中，$f_1$ 为低频调制波频率；$f_2$ 为高频载波频率；$K_{\text{mod}}$ 为归一化参数，为保证每个原子具有单位能量，$\|K_{\text{mod}}(f_1, f_2)\|_2 = 1$。

在原子提取过程中，采用遗传算法快速选择算法，每次迭代从两个字典中分别选取一个匹配原子，选取匹配系数较大的原子为最优原子。选取基于衰减系数的残差比阈值作为迭代终止条件，将各最优原子与相应的匹配系数求积，再将所有的积求和实现信号重构。

### 1. 趋势分析算法流程

基于 Lempel-Ziv 复杂度指标和双字典匹配追踪算法的轴承故障程度趋势分析方法算法流程如下：

(1) 初始化。初始化残差以及能量，将待分析信号 $x$ 赋给残差信号，得到初始残差信号 $R_0 = x$。

(2) 复合字典原子匹配。从复合字典的两个字典 $G_{imp} = \{g_{1i}, i = 1, 2, \cdots, m\}$ 和 $G_{mod} = \{g_{2i}, i = 1, 2, \cdots, m\}$ 中，分别进行匹配原子 $g_{1k}$ 和 $g_{2k}$ 的选取，选取方法见式(4.8)，匹配系数分别为 $c_{1k}$ 和 $c_{2k}$，选取方法见式(4.9)，比较 $c_{1k}$ 和 $c_{2k}$，选取匹配系数大的原子为最匹配原子 $g_{jk}$，并返回其各个参数信息 $f_1$、$f_2$ 或 $p$、$u$、$f_{imp}$ 保存：

$$\left| \left\langle R_0, g_{jk} \right\rangle \right| = \sup \left| \left\langle R_0, g_{ji} \right\rangle \right|, \quad j = 1, 2 \tag{4.8}$$

$$c_{jk} = \left| \left\langle R_0, g_{jk} \right\rangle \right| \tag{4.9}$$

(3) 更新残差信号。依据式(4.10)将残差信号在每次迭代的匹配原子 $g_{jk}$ 上投影，则第 $k$ 次迭代后的残差信号为 $R_{k+1}$，其中 $K$ 为迭代次数：

$$R_{k+1} = R_k - \sum_{k=1}^{K} \left\langle R_k, g_{jk} \right\rangle g_{jk} \tag{4.10}$$

(4) 检验是否满足迭代终止条件。终止条件选择基于衰减系数的残差比阈值，若满足则结束迭代进入步骤(5)；否则重复执行步骤(2)～(4)。

(5) 信号重构。重构信号可近似表示为式(4.11)：

$$x = \sum_{k=1}^{K} \left\langle R_k, g_{jk} \right\rangle g_{jk} \tag{4.11}$$

(6) 计算 Lempel-Ziv 复杂度。依据 4.1.1 节所述指标求取方法，求取重构信号以及原始信号的复杂度指标。

(7) 依据指标，进行相关的故障程度趋势预测以及对比分析。

## 2. 内圈故障数据分析

试验系统由轴承试验台、HG3528A 数据采集仪、笔记本电脑组成。试验台如图 4.2 所示，由三相异步电机①通过挠性联轴器②与装有转子④的转轴连接，轴由两个 6307 轴承支撑，③为正常轴承，⑤为不同故障尺寸的轴承。电机转速 R=1497r/min，轴承大径 D=80mm，小径 d=35mm，滚动体个数 Z=8，接触角 α=0，采样频率为 15360Hz。轴承故障由电火花加工得到，包含 0.5mm、2mm、3.5mm、5mm 四种尺寸，通过加速度传感器获得各故障条件下的内、外圈试验数据。

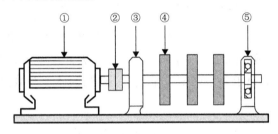

图 4.2　试验台系统示意图

(1) 构造时频冲击字典和调制字典用以匹配故障信号。定义原子库中原子长度为 512 个点。根据式(4.6)所述基函数模型，对模型中的四个参数进行离散化赋值，其中 $p$ 的取值范围是(1001:2024)，步长为 1，长度为 1024，10 位编码；$u$ 的取值范围是(1/$f_s$:N/$f_s$)，步长为 $N/(512f_s)$，长度为 $N$，其中 $N$ 为待分析信号的长度；$f_{imp}$ 取值范围是(2001:4048)Hz，步长为 1Hz，长度为 2048Hz，11 位编码，取 $\Phi=0$。根据式(4.7)所述基函数模型，对模型中的两个参数进行离散化赋值，其中 $f_1$ 的取值范围是(1:256)Hz，步长为 1Hz，长度为 256Hz，8 位编码；$f_2$ 的取值范围是(1001:5096)Hz，步长为 1Hz，共 4096 个数据点，12 位编码。

(2) 依据前文所述双字典匹配追踪算法对故障信号进行分解和重构。分别截取长度为 2048Hz 的滚动轴承单点故障尺寸的内圈和外圈数据，应用基于冲击字典和调制字典的双字典匹配追踪算法进行信号分解和重构。

滚动轴承内圈各个故障尺寸的原始信号和重构信号，如图 4.3～图 4.10 所示。

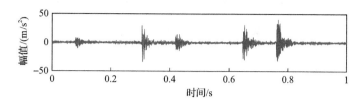

图 4.3　0.5mm 内圈故障时域波形图

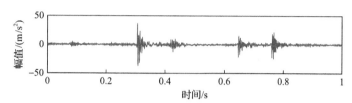

图 4.4　0.5mm 内圈故障重构波形图

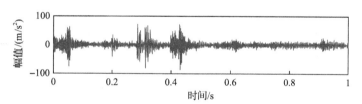

图 4.5　2mm 内圈故障时域波形图

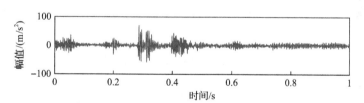

图 4.6　2mm 内圈故障重构波形图

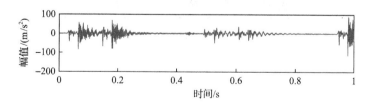

图 4.7　3.5mm 内圈故障时域波形图

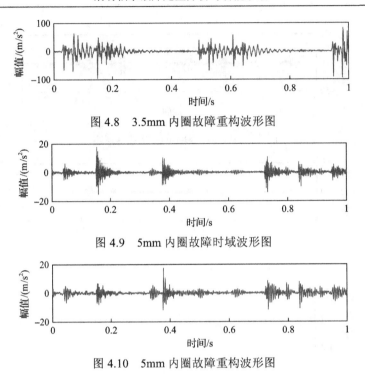

图 4.8　3.5mm 内圈故障重构波形图

图 4.9　5mm 内圈故障时域波形图

图 4.10　5mm 内圈故障重构波形图

依据步骤(6)所述,计算原始信号和重构信号的 Lempel-Ziv 复杂度指标数值,各个故障尺寸下的内圈原始信号时域指标数值见表 4.1,内圈重构信号时域指标数值见表 4.2。

表 4.1　内圈各故障原始信号时域指标

| 故障尺寸/mm | 0.5 | 2 | 3.5 | 5 |
|---|---|---|---|---|
| 复杂度指标 | 0.6338 | 0.6445 | 0.6087 | 0.5765 |

表 4.2　内圈各故障重构信号时域指标

| 故障尺寸/mm | 0.5 | 2 | 3.5 | 5 |
|---|---|---|---|---|
| 复杂度指标 | 0.6159 | 0.5228 | 0.4583 | 0.3903 |

依据表 4.1 和表 4.2 绘制内圈各故障信号 Lempel-Ziv 复杂度趋势图,见图 4.11。

从图 4.11 可以看出,原始信号的 Lempel-Ziv 复杂度指标整体呈现下降趋势,但是 2mm 故障的值比 0.5mm 故障的值略高,而重构信号的 Lempel-Ziv 复杂度指标趋势图呈现线性下降趋势。

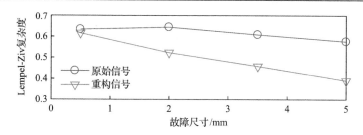

图 4.11　内圈故障信号 Lempel-Ziv 复杂度趋势图

### 3. 外圈故障数据分析

滚动轴承外圈各个故障尺寸的原始信号和重构信号，如图 4.12～图 4.19 所示。

依据步骤(6)所述，计算原始信号和重构信号的指标数值，各个故障尺寸下的外圈原始信号时域指标数值见表 4.3，外圈重构信号时域指标数值见表 4.4。

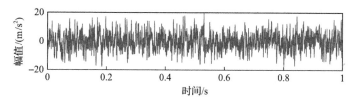

图 4.12　0.5mm 外圈故障时域波形图

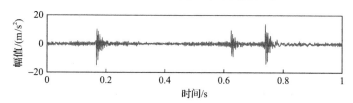

图 4.13　0.5mm 外圈故障重构波形图

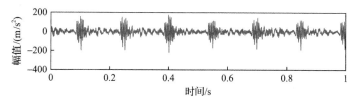

图 4.14　2mm 外圈故障时域波形图

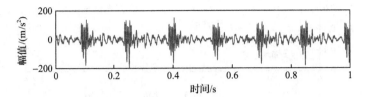

图 4.15    2mm 外圈故障重构波形图

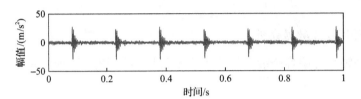

图 4.16    3.5mm 外圈故障时域波形图

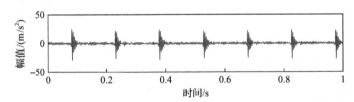

图 4.17    3.5mm 外圈故障重构波形图

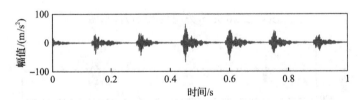

图 4.18    5mm 外圈故障时域波形图

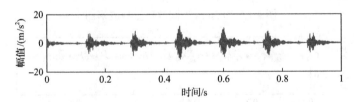

图 4.19    5mm 外圈故障重构波形图

**表 4.3 外圈各故障原始信号时域指标**

| 故障尺寸/mm | 0.5 | 2 | 3.5 | 5 |
|---|---|---|---|---|
| 复杂度指标 | 0.4777 | 0.4610 | 0.4166 | 0.3769 |

**表 4.4 外圈各故障重构信号时域指标**

| 故障尺寸/mm | 0.5 | 2 | 3.5 | 5 |
|---|---|---|---|---|
| 复杂度指标 | 0.2605 | 0.2900 | 0.3223 | 0.3438 |

依据表 4.3 和表 4.4 绘制外圈各故障信号 Lempel-Ziv 复杂度指标趋势图,
见图 4.20。

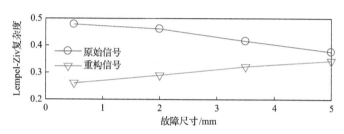

图 4.20　外圈故障信号 Lempel-Ziv 复杂度趋势图

从图 4.20 可知,原始信号的 Lempel-Ziv 复杂度指标趋势呈现下降趋势,
与理论推导结论相反。而重构信号的 Lempel-Ziv 复杂度指标趋势图表现出
上升的趋势。

### 4.1.3 基于 Sparsogram 与 Lempel-Ziv 复杂度的定量趋势分析

1. 趋势分析算法流程

Sparsogram 是基于小波包的一种最优分析频带选择方法,用稀疏值在小
波包分解最底层节点中找到优化分解节点作为最优分析频带。基于
Sparsogram 与 Lempel-Ziv 复杂度的定量趋势分析算法流程如下:

(1)对采集的振动信号进行二进制小波包变换,对每个节点的小波包系
数进行重构;

(2)构造新的信号:实部为该节点小波包系数,虚部为小波包系数的
Hilbert 变换。

(3)对所构造的信号取模,得到其包络并计算包络的功率谱 $P$;

(4)根据式(4.12)计算每个节点的稀疏值 $S$;

（5）选择最大的稀疏值对应的节点系数，进行 Hilbert 包络解调并计算包络的功率谱。

稀疏值 $S$ 的计算公式如下：

$$S(i,j) = \frac{\|P(i,j)\|_2}{\|P(i,j)\|_1} \tag{4.12}$$

式中，$P(i,j)$ 为第 $i$ 层的第 $j$ 个节点分析信号的能量谱；$\|P(i,j)\|_1$ 为 $P(i,j)$ 的 $L_1$ 范数；$\|P(i,j)\|_2$ 为 $P(i,j)$ 的 $L_2$ 范数；$S(i,j)$ 为第 $i$ 层的第 $j$ 个节点的稀疏值。

将 $S$ 最大或第二大的数值所对应的节点进行信号重构，得到最佳分析频带，对最佳分析频带进行二进制处理，分别计算 Lempel-Ziv 复杂度归一化值 $C_{n,\mathrm{NH}}$ 和 $C_{n,\mathrm{NL}}$，再综合得到 Lempel-Ziv 综合指标 $C_{n,\mathrm{N}}$。根据 Lempel-Ziv 复杂度的计算结果，绘制出 Lempel-Ziv 复杂度值与故障损伤程度的关系图。

所提方法流程如图 4.21 所示。

图 4.21　算法流程图

## 2. 仿真信号分析

对 Sparsogram 的小波包分解基函数进行优化选取。本节采用 10 种小波基 Daubechies5（db5）、Daubechies7（db7）、Daubechies10（db10）、Daubechies13（db13）、Symlets6（sym6）、Symlets7（sym7）、Symlets8（sym8）、Coiflet4（coif4）、Biorthogonal3.9（bior3.9）、Biorthogonal5.5（bior5.5）[2]，分别对轴承内、外圈不同故障损伤程度的仿真信号进行处理，优化选取出提取冲击特征较好的小波基。将上述小波基分别用定量趋势分析方法处理内、外圈故障轴承仿真信号，小波包分解层数选为 3 层，获得不同小波基的 Lempel-Ziv 复杂度与故障尺寸趋势如图 4.22 所示。db7、sym6 和 sym8 三种小波基的趋势分析如图 4.23 所示，其线性拟合结果比较理想，如图 4.24 所示。拟合直线斜率见表 4.5，拟合直线与实际计算的 Lempel-Ziv 复杂度比较结果见表 4.6～表 4.8。

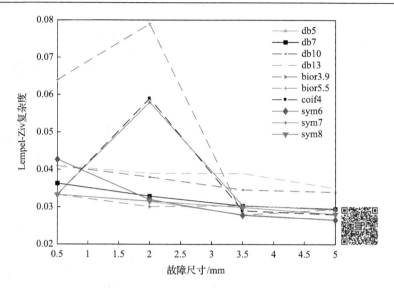

图 4.22　不同小波基的内圈 Lempel-Ziv 复杂度的趋势图

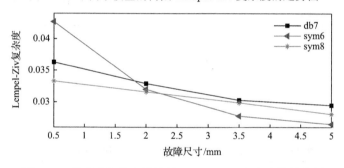

图 4.23　优化选取的小波基的 Lempel-Ziv 复杂度的趋势图

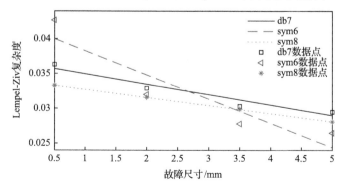

图 4.24　优化选取的小波基的 Lempel-Ziv 复杂度的趋势线性拟合图

表 4.5　内圈优化小波基的 Lempel-Ziv 复杂度趋势图拟合直线斜率

| 小波基 | db7 | sym6 | sym8 |
|---|---|---|---|
| 斜率 | −0.00153 | −0.00352 | −0.00115 |

表 4.6　基于 db7 的内圈不同故障 Lempel-Ziv 复杂度

| 故障尺寸/mm | 0.5 | 2 | 3.5 | 5 |
|---|---|---|---|---|
| 实际值 | 0.0363 | 0.0329 | 0.0303 | 0.0295 |
| 拟合直线点 | 0.0357 | 0.0334 | 0.0311 | 0.0288 |
| 差值绝对值 | 0.0006 | 0.0005 | 0.0008 | 0.0007 |
| 误差率/% | 1.65 | 1.52 | 2.64 | 2.37 |

表 4.7　基于 sym6 的内圈不同故障 Lempel-Ziv 复杂度

| 故障尺寸/mm | 0.5 | 2 | 3.5 | 5 |
|---|---|---|---|---|
| 实际值 | 0.0427 | 0.0320 | 0.0278 | 0.0265 |
| 拟合直线点 | 0.0402 | 0.0345 | 0.0299 | 0.0243 |
| 差值绝对值 | 0.0025 | 0.0025 | 0.0021 | 0.0022 |
| 误差率/% | 5.85 | 7.81 | 7.55 | 8.30 |

表 4.8　基于 sym8 的内圈不同故障 Lempel-Ziv 复杂度

| 故障尺寸/mm | 0.5 | 2 | 3.5 | 5 |
|---|---|---|---|---|
| 实际值 | 0.0333 | 0.0316 | 0.0299 | 0.0281 |
| 拟合直线点 | 0.0333 | 0.0315 | 0.0299 | 0.0281 |
| 差值绝对值 | 0 | 0.0001 | 0 | 0 |
| 误差率/% | 0 | 0.02 | 0 | 0 |

　　同理，采用轴承外圈故障仿真信号进行定量趋势分析，结果如图 4.25～图 4.27，拟合直线的斜率见表 4.9～表 4.12。得出与内圈分析同样结论，采用 db7 与 sym8 定量趋势分析效果较好。

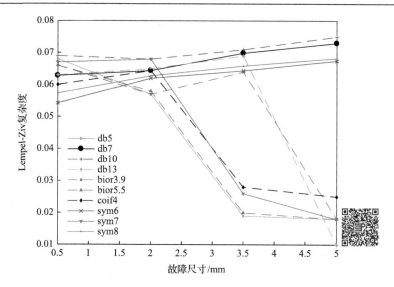

图 4.25　不同小波基的外圈 Lempel-Ziv 复杂度的趋势图

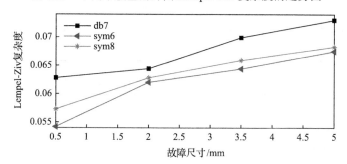

图 4.26　优化选取的小波基的 Lempel-Ziv 复杂度的趋势图

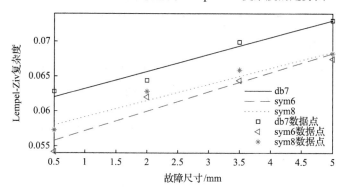

图 4.27　优化选取的小波基的 Lempel-Ziv 复杂度的趋势线性拟合图

**表 4.9　外圈优化小波基 Lempel-Ziv 复杂度趋势图拟合直线斜率**

| 小波基 | db7 | sym6 | sym8 |
|---|---|---|---|
| 斜率 | 0.00250 | 0.00241 | 0.00282 |

**表 4.10　基于 db7 的外圈不同故障 Lempel-Ziv 复杂度**

| 故障尺寸/mm | 0.5 | 2 | 3.5 | 5 |
|---|---|---|---|---|
| 实际值 | 0.0628 | 0.0644 | 0.0699 | 0.0730 |
| 拟合直线点 | 0.0621 | 0.0654 | 0.0693 | 0.0729 |
| 差值绝对值 | 0.0007 | 0.0010 | 0.0006 | 0.0001 |
| 误差率/% | 1.11 | 1.55 | 0.86 | 0.14 |

**表 4.11　基于 sym6 的外圈不同故障 Lempel-Ziv 复杂度**

| 故障尺寸/mm | 0.5 | 2 | 3.5 | 5 |
|---|---|---|---|---|
| 实际值 | 0.0542 | 0.0620 | 0.0644 | 0.0675 |
| 拟合直线点 | 0.0577 | 0.0599 | 0.0641 | 0.0684 |
| 差值绝对值 | 0.0015 | 0.0021 | 0.0003 | 0.0009 |
| 误差率/% | 2.77 | 3.39 | 0.47 | 1.33 |

**表 4.12　基于 sym8 的外圈不同故障 Lempel-Ziv 复杂度**

| 故障尺寸/mm | 0.5 | 2 | 3.5 | 5 |
|---|---|---|---|---|
| 实际值 | 0.0573 | 0.0628 | 0.0659 | 0.0683 |
| 拟合直线点 | 0.0582 | 0.0618 | 0.0654 | 0.0690 |
| 差值绝对值 | 0.0009 | 0.0010 | 0.0005 | 0.0007 |
| 误差率/% | 1.57 | 1.59 | 0.76 | 1.02 |

**3. 试验信号分析**

将 db7 和 sym8 两种小波基应用到实际轴承定量趋势分析中，小波包分解层数选为 3 层，分析结果如图 4.28～图 4.30 所示。

### 4.1.4　基于 Protrugram 与 Lempel-Ziv 复杂度的定量趋势分析

**1. 定量趋势分析算法流程**

Protrugram 是一种基于调制信号包络谱最优频带选择方法，旨在选择出最优中心频率和带宽[3]。方法流程如图 4.31 所示。

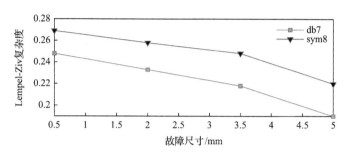

图 4.28　优化选取的小波基的内圈 Lempel-Ziv 复杂度趋势图

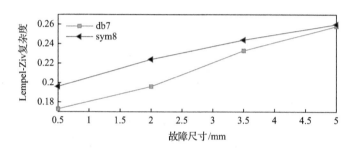

图 4.29　优化选取的小波基的外圈 Lempel-Ziv 复杂度的趋势图

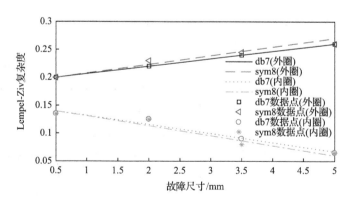

图 4.30　优化选取的小波基的 Lempel-Ziv 复杂度的趋势线性拟合图

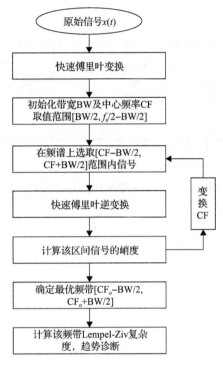

图 4.31　Protrugram 流程图

(1) 快速傅里叶变换(fast Fourier transform，FFT)。对同一类型不同故障尺寸的轴承故障原始信号进行 FFT。

(2) 初始化。确定带宽 BW；确定中心频率 CF 的取值范围[BW/2, $f_s$/2−BW/2]，其中 $f_s$ 是采样频率；确定中心频率移动步长。

(3) 计算窄带包络谱。对频谱图的[CF−BW/2, CF+BW/2]段进行快速傅里叶逆变换(inverse fast Fourier transform, IFFT)，并计算所得到信号的包络谱。

(4) 计算峭度值。计算第(3)步中窄带包络谱的峭度值 Kurtosis。

(5) 绘制关系图。以 CF 为横坐标、Kurtosis 为纵坐标绘制二者的关系图。

(6) 确定最优频带。选择峭度值最大的频带，返回对应的中心频率值 $CF_o$，得到最优频带[$CF_o$−BW/2, $CF_o$+BW/2]。

(7) 计算 Lempel-Ziv 复杂度，依据 4.1.1 节所述方法计算复杂度指标。

(8) 绘制 Lempel-Ziv 复杂度与故障尺寸关系图，进行故障定量趋势分析。

## 2. 仿真数据分析

仿真内圈故障频率设定为 122.74Hz，确定带宽 400Hz，步长为 100Hz，中心频率取值范围为[150, 7530]Hz，采样点数为 15360 个点。用前述步骤处理故障尺寸分别为 0.5mm、2mm、3.5mm、5mm 的内圈故障仿真信号，计算窄带信号的 Lempel-Ziv 复杂度指标数值，并绘制内圈各故障信号 Lempel-Ziv 值趋势如图 4.32 所示，窄带信号 Lempel-Ziv 复杂度指标呈下降趋势。

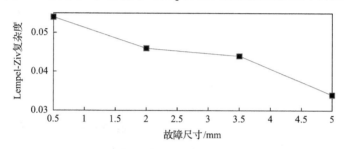

图 4.32　内圈故障信号 Lempel-Ziv 复杂度趋势图

仿真外圈故障频率设定为 76.88Hz，确定带宽为 300Hz，步长为 100Hz，中心频率的取值范围为[150, 7530]Hz，采样点数为 15360 个点。用上述方法处理故障尺寸分别为 0.5mm、2mm、3.5mm、5mm 的外圈故障仿真信号，计算窄带信号的 Lempel-Ziv 复杂度指标数值，并绘制外圈各故障信号 Lempel-Ziv 复杂度指标趋势如图 4.33 所示，窄带信号 Lempel-Ziv 复杂度指标呈上升趋势。

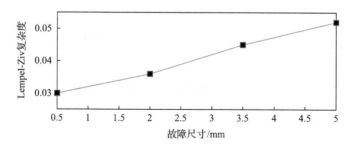

图 4.33　外圈故障信号 Lempel-Ziv 复杂度趋势图

## 3. 试验数据分析

针对内圈故障试验信号，内圈故障频率为 123.738Hz，设定带宽 BW 为

400Hz，步长为100Hz，中心频率的取值范围为[200, 6200]Hz，采样点数为8192个点。绘制内圈各故障信号Lempel-Ziv复杂度趋势如图4.34所示，复杂度指标呈现下降趋势。

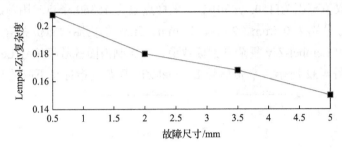

图4.34　内圈故障信号Lempel-Ziv复杂度趋势图

针对外圈故障试验信号，外圈故障频率为78.7282Hz，设定带宽BW为300Hz，步长为100Hz，中心频率的取值范围为[150, 6250]Hz，截取8192个点。外圈各故障信号Lempel-Ziv复杂度指标趋势如图4.35所示。复杂度指标呈上升趋势。

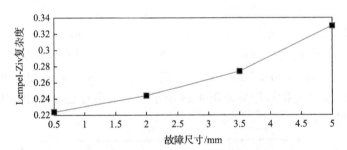

图4.35　外圈故障信号Lempel-Ziv复杂度趋势图

## 4.2　基于多尺度排列熵与形态滤波的趋势分析

### 4.2.1　多尺度排列熵计算方法

1. 多尺度排列熵

排列熵(permutation entropy, PE)[4]是一种检测时间序列随机性和动态突变方法，能够有效地检测和放大振动信号的动态变化。PE算法描述如下。

对于长度为 $N$ 的一维振动信号序列 $\{x(i), i=1,2,\cdots,N\}$，对其进行相空间重构，得到如下序列：

$$\left\{\begin{array}{c} X(1)=\{x(1),x(1+t),\cdots,x(1+(m-1)t)\} \\ \vdots \\ X(i)=\{x(i),x(i+t),\cdots,x(i+(m-1)t)\} \\ \vdots \\ X(N-(m-1)t)=\{x(N-(m-1)t),x(N-(m-1)t+t),\cdots,x(N)\} \end{array}\right\} \quad (4.13)$$

式中，$m$ 是嵌入维度；$t$ 是时延。

将相空间 $X(i)$ 中每组数据进行升序排列，即

$$X(i)=\left\{x(i+(j_{i1}-1)t)\leqslant x(i+(j_{i2}-1)t)\leqslant\cdots\leqslant x(i+(j_m-1)t)\right\} \quad (4.14)$$

若存在 $x(i+(j_{i1}-1)t)=x(i+(j_{i2}-1)t)$，则按照 $j$ 的数据来排列，即 $j_{k1}<j_{k2}$，换言之，可化为 $x(i+(j_{i1}-1)t)\leqslant x(i+(j_{i2}-1)t)$，所以任意一个数据 $X(i)$ 都能得到一组符号

$$S(g)=\left\{j_1,j_2,\cdots,j_k\right\} \quad (4.15)$$

式中，$g=1,2,\cdots,k,k\leqslant m!$。

每种不同符号 $j_1,j_2,\cdots,j_m$ 有 $m!$ 种排列，计算每一种符号出现的概率 $P_g=\{1,2,\cdots,k\}$，则 $\sum_{g=1}^{k}P_g=1$。此时，$x(i)$ 的 PE 可表示为

$$H_P(m)=-\sum_{g=1}^{k}P_g\ln P_g \quad (4.16)$$

注意到，当 $P_g=1/m!$ 时，$H_P(m)$ 达到最大值 $\ln(m!)$，因此，可以通过 $\ln(m!)$ 将 PE 进行标准化处理，即

$$H_P=H_P(m)/\ln(m!) \quad (4.17)$$

PE 可检测一维序列在单尺度上的随机性和动力学突变，而机械系统振动信号包含多尺度重要信息，而多尺度排列熵(multiscale permutation entropy, MPE)可用于衡量时间序列在不同尺度下的复杂性和随机性。计算方法如下：

对于长度为 $N$ 的振动信号序列 $\{x(i),\ i=1,2,\cdots,N\}$，进行粗粒处理，得到粗粒序列 $y_j^s$。$y_j^s$ 表达式为

$$y_j^s = \frac{1}{s}\sum_{i=(j-1)s+1}^{js} x_i,\quad j=1,2,\cdots,[N/s] \qquad (4.18)$$

式中，$s$ 为尺度因子。

对每一个粗粒化序列求解 PE 即得到 MPE，每个粗粒化序列的计算过程如式(4.13)~式(4.16)所示。MPE 的表达式可以表述为

$$H_P^s = -\sum_{l=1}^{m!} P_l^s \ln P_l^s \qquad (4.19)$$

式中，$m$ 为嵌入维度；$P_l^s$ 为每一种符号出现的概率。

将 MPE 归一化处理，即

$$H_P^s = H_P^s(m)/\ln(m!) \qquad (4.20)$$

显然，$H_P^s$ 的取值范围为 $0\leqslant H_P^s \leqslant 1$。$H_P^s$ 值的大小代表信号序列的复杂和随机程度。$H_P^s$ 越大，说明时间序列越随机越复杂，反之，则说明时间序列越规则。$H_P^s$ 值的变化反应和放大了时间序列的局部细微变化。

2. 参数选取、性能评价与优化

MPE 主要由尺度因子 $s$、嵌入维数 $m$ 以及时延 $t$ 决定。以白噪声仿真信号(图 4.36)为例，分析了各参数对 MPE 影响。

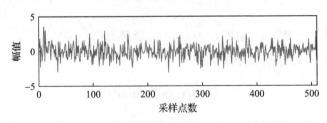

图 4.36　白噪声时序图

图 4.37 为在尺度因子为 1 时，不同嵌入维数和不同时延下的 PE，时延参数对信号的 PE 影响较小。

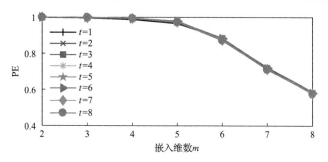

图 4.37　白噪声在不同嵌入维数和不同时延下的排列熵

对白噪声求解 MPE，如图 4.38 所示。当嵌入维数小于 4 时，随着尺度因子的增加，其 MPE 的变化很小。但是随着尺度增加，其斜率先增加后平缓。在嵌入维数为 6 时，当尺度因子大于 6 时，随着尺度因子的增加其熵值变化很小，因此，设定时延参数为 1、嵌入维数和尺度因子为 6。

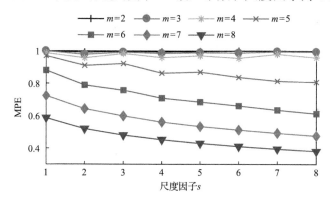

图 4.38　白噪声在不同尺度因子和不同嵌入维数下的多尺度排列熵

为了验证 MPE 指标可以作为一维信号复杂度和随机性的指标，取一个递增序列 $x(i)=[1, 2, \cdots, 100]$ 进行分析，图 4.39 为递增序列时序图。

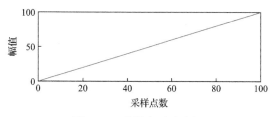

图 4.39　递增序列时序图

对该序列添加白噪声，信噪比分别为-5dB、-2dB、0dB、2dB，5dB，对加噪序列求解 MPE(参数设置同上)。图 4.40 为不同信噪比的序列。从图中可以看出，随着信噪比的增加，复杂度和随机性减小。

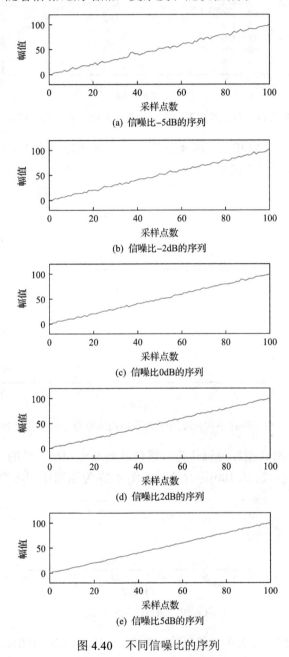

图 4.40　不同信噪比的序列

图 4.41 为加入不同信噪比噪声的序列 MPE 值，随着信噪比的增加，MPE 呈减小趋势。在不同的尺度因子下，不同序列 MPE 的随机性很大，当尺度因子超过 2 时，个别信噪比序列的 MPE 相同，会影响后续轴承故障定量趋势诊断。

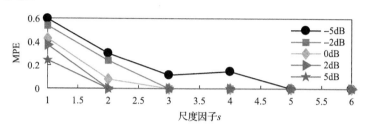

图 4.41 加入不同信噪比后序列的多尺度排列熵

为解决尺度因子对 MPE 影响波动问题，提出平均多尺度排列熵(average multiscale permutation entropy, AMPE)指标。AMPE 的计算方式是对不同尺度下的 MPE 求解均值。AMPE 的表达式如下：

$$\text{ave}(H_P^s) = \frac{\sum_{l=1}^{s} H_P^s(l)}{s} \tag{4.21}$$

式中，$s$ 为尺度因子；$H_P^s$ 为多尺度排列熵。

对图 4.40 中的一维时间序列求解 AMPE 如图 4.42 所示，随着信噪比的增加，AMPE 在降低，线性度较好，解决了 MPE 在不同尺度下随机误差的问题。

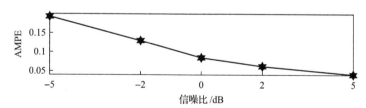

图 4.42 加入不同信噪比后序列的平均多尺度排列熵

### 4.2.2 基于形态滤波和 AMPE 的趋势诊断

1. 迭代阈值形态滤波算法

形态滤波常用的结构元素有直线形、三角形、余弦形以及半圆形等[5]，如图 4.43 所示，结构元素的长度则需要介于噪声长度与信号长度之间来实现降噪效果。

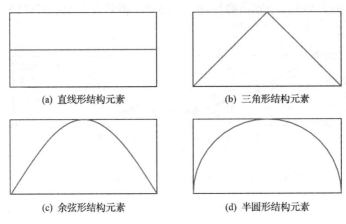

(a) 直线形结构元素　　　　　　　(b) 三角形结构元素

(c) 余弦形结构元素　　　　　　　(d) 半圆形结构元素

图 4.43　常用的传统结构元素形状

传统的形态滤波算法是用多个长度的结构元素对信号形态学分析，对分析后的信号求解峭度，峭度最大值所对应的长度为最佳长度。但在实际应用中，结构元素的最优长度不是特定的一个值。为此，本书介绍一种基于迭代阈值的形态滤波算法，具体流程为：

（1）在强噪声的情况下采集轴承故障的振动信号 $x(t)$；

（2）用不同长度 $\varepsilon$ 的结构元素分别对振动信号 $x(t)$ 进行形态学分析，得到去噪信号 $x_\varepsilon(t)$，对去噪的信号 $x_\varepsilon(t)$ 求解峭度；

（3）用迭代阈值算法求解峭度阈值，根据阈值对形态分析后的信号进行重构，重构得到的信号为 $x'(t)$。

其中，迭代阈值算法如下：

（1）求得最大和最小的峭度 $K_{\max}$ 和 $K_{\min}$，计算双峰均值 $T_1=(K_{\max}+K_{\min})/2$，将 $T_1$ 作为初始阈值；

（2）用阈值 $T_1$ 分割数据，大于 $T_1$ 的数据设为 $G_1$ 组，小于 $T_1$ 的设为 $G_2$ 组，将 $G_1$ 组和 $G_2$ 组的均值设为 $u_1$ 和 $u_2$，新阈值为 $T_2=(u_1+u_2)/2$；

（3）若满足 $|T_1-T_2|\leqslant\zeta$ 则结束，否则重复步骤（2）。

迭代阈值形态滤波算法流程如图 4.44 所示。

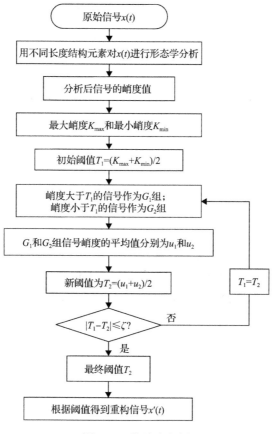

图 4.44　算法流程图

### 2. 仿真信号分析

本节构建仿真信号由三部分构成：

$$x(t) = 4y(t) + z(t) + n(t) \tag{4.22}$$

式中，$x(t)$ 为复合仿真信号；$y(t)$ 为周期冲击信号，周期频率为 8Hz，周期衰减信号为 $e^{-10t}\sin(100\pi t)$；$z(t)$ 为频率为 11Hz 和 26Hz 的谐波信号；$n(t)$ 为高斯白噪声，信噪比为 2dB。

图 4.45 是仿真信号的时域波形和频谱图。干扰频率 11Hz 和 26Hz 的幅值较大，8Hz 的冲击特征频率不明显。

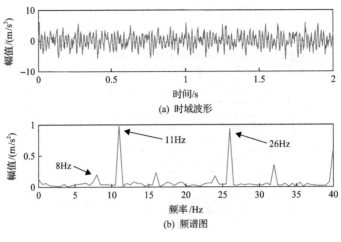

图 4.45　仿真信号

用传统形态学方法对仿真信号分析如图 4.46 所示，当结构元素的长度为 40 时所对应的峭度最大，最大峭度为 7.221，可将结构元素的最优长度设为 40。

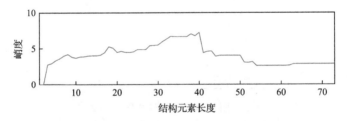

图 4.46　形态学分析后的仿真信号峭度值

分析后的时域波形和频谱图如图 4.47 所示，可找到冲击特征频率(8Hz)及其二倍频(16Hz)。

用本节提出的基于峭度迭代阈值形态滤波方法对仿真信号处理分析，重构信号的时域波形和频谱如图 4.48 所示。与传统的形态滤波算法相比，本节提出的方法在提取冲击特征上更有优势。

3. 试验信号分析

试验台如图 4.49 所示，轴承型号是 SKF6010，转速为 12000r/min，转频为 20Hz，内圈故障特征频率为 158Hz，外圈故障特征频率为 121Hz。不同故障尺寸的外圈和内圈故障信号如图 4.50 和图 4.51 所示。

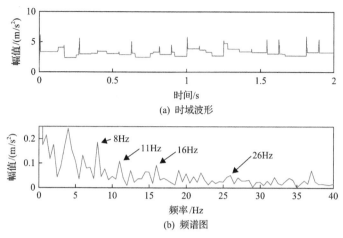

图 4.47   传统形态滤波分析后的仿真信号

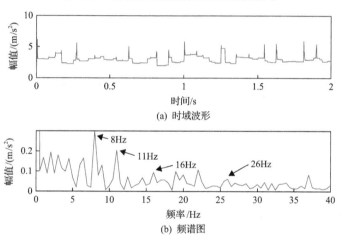

图 4.48   基于峭度迭代阈值形态分析后的仿真信号

图 4.49   试验台系统

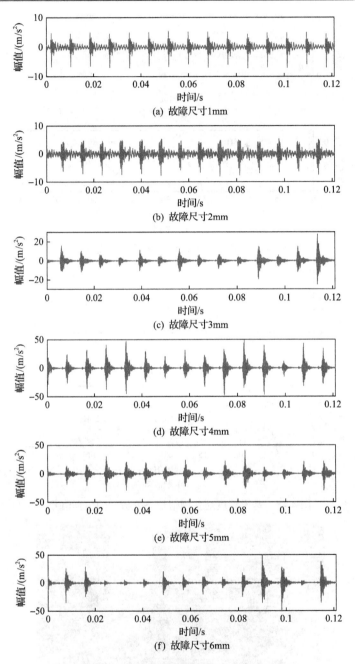

图 4.50 外圈不同故障尺寸时域波形图

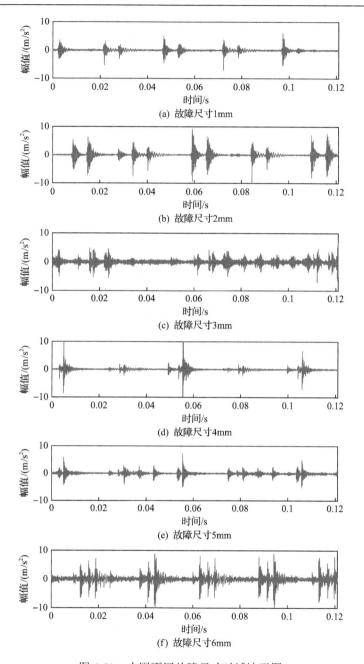

图 4.51　内圈不同故障尺寸时域波形图

用不同长度的结构元素对试验信号进行形态学分析,并对分析后的信号求解峭度。图 4.52 和图 4.53 分别为外圈和内圈不同故障尺寸轴承振动信号被形态分析后的峭度。

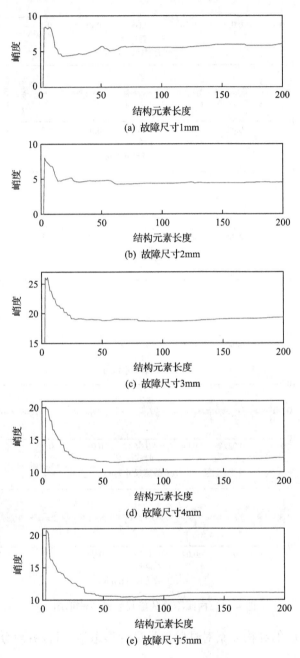

(a) 故障尺寸1mm

(b) 故障尺寸2mm

(c) 故障尺寸3mm

(d) 故障尺寸4mm

(e) 故障尺寸5mm

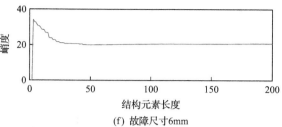

(f) 故障尺寸6mm

图 4.52 形态学分析后的外圈故障试验信号峭度值

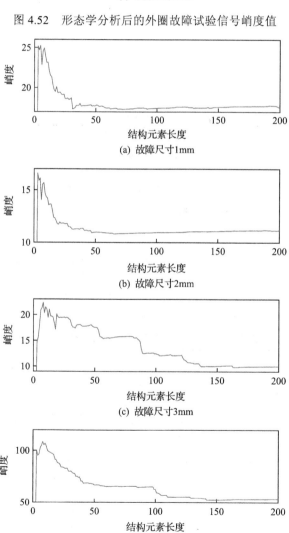

(a) 故障尺寸1mm

(b) 故障尺寸2mm

(c) 故障尺寸3mm

(d) 故障尺寸4mm

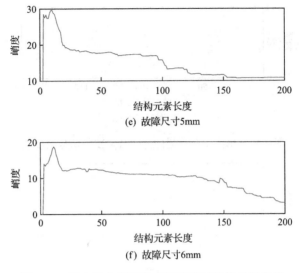

图 4.53　形态学分析后的内圈故障试验信号峭度值

　　通过迭代阈值算法对以上峭度求取阈值。表 4.13 是外圈不同故障尺寸轴承振动信号被形态分析后的峭度阈值。表 4.14 是内圈不同故障尺寸轴承振动信号被形态分析后的峭度阈值。

表 4.13　外圈不同故障尺寸轴承振动信号被形态分析后的峭度阈值

| 外圈不同故障尺寸/mm | 1 | 2 | 3 | 4 | 5 | 6 |
|---|---|---|---|---|---|---|
| 峭度阈值 | 6.7671 | 5.8311 | 21.28 | 14.6406 | 11.8711 | 18.079 |

表 4.14　内圈不同故障尺寸轴承振动信号被形态分析后的峭度阈值

| 内圈不同故障尺寸/mm | 1 | 2 | 3 | 4 | 5 | 6 |
|---|---|---|---|---|---|---|
| 峭度阈值 | 20.6955 | 13.22 | 14.1909 | 75.517 | 20.7071 | 8.492 |

　　对峭度超过阈值的振动信号进行重构，重构信号如图 4.54 和图 4.55 所示。图 4.54 和图 4.55 分别为外圈和内圈不同故障尺寸轴承重构信号。

　　对迭代阈值形态分析后的轴承故障振动信号求解 AMPE，外圈和内圈故障轴承定量趋势如图 4.56 和图 4.57 所示，随着滚动轴承外圈故障尺寸的增加，AMPE 在逐渐增加，呈现上升的趋势。随着滚动轴承内圈故障尺寸的增加，AMPE 在逐渐降低，呈现下降的趋势并且整体趋势稳定。

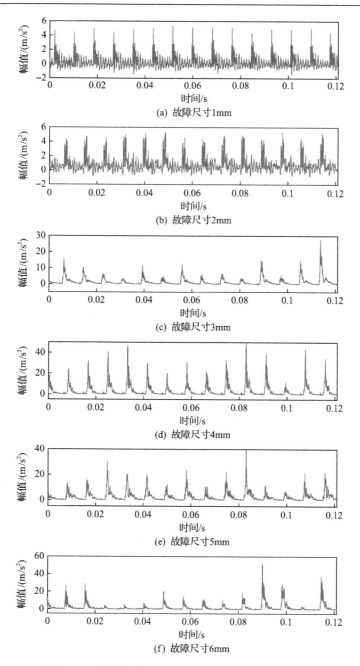

图 4.54 迭代阈值形态分析后的外圈故障轴承信号

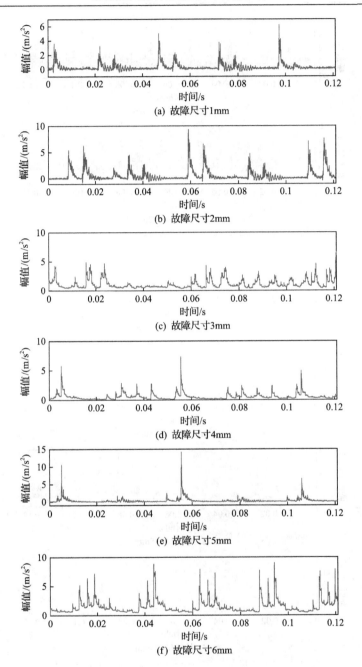

(a) 故障尺寸1mm

(b) 故障尺寸2mm

(c) 故障尺寸3mm

(d) 故障尺寸4mm

(e) 故障尺寸5mm

(f) 故障尺寸6mm

图 4.55　迭代阈值形态分析后的内圈故障轴承信号

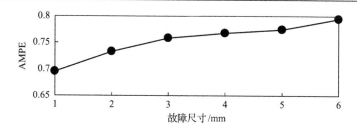

图 4.56 经迭代形态滤波后的外圈故障轴承定量趋势图

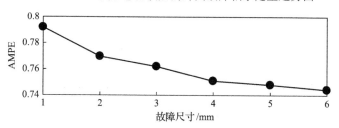

图 4.57 经迭代形态滤波后的内圈故障轴承定量趋势图

仿真及试验信号分析结果表明，基于迭代阈值形态滤波和 AMPE 算法的轴承故障定量趋势分析效果较好。

# 4.3 基于卡尔曼滤波的趋势预测

## 4.3.1 开关无迹卡尔曼滤波算法

卡尔曼滤波算法既可用于跟踪滤波，也可用于趋势预测。为解决实际物理系统数学模型的非线性问题，引入无迹卡尔曼滤波(unscented Kalman filter, UKF) 算法，其采用线性卡尔曼滤波的框架，但使用无迹变换(unscented transform, UT)处理均值和协方差的非线性传递问题[6]。

定义非线性系统离散随机差分方程和线性测量方程

$$X_k = f(X_{k-1}, W_k) \tag{4.23}$$

$$Z_k = HX_k + V_k \tag{4.24}$$

式中，$f(\cdot)$ 对自变量而言是非线性的；$X_k$ 是 $k$ 时刻的 $n \times 1$ 维系统状态向量，$n$ 是状态变量个数；$X_{k-1}$ 是 $k-1$ 时刻系统状态向量；$W_k$ 是 $k$ 时刻的 $n \times 1$ 维过程激励噪声；$Z_k$ 是 $k$ 时刻的状态测量值；$H$ 是 $1 \times n$ 维测量矩阵；$V_k$ 是 $k$

时刻的测量噪声。假设 $\boldsymbol{W}_k$、$\boldsymbol{V}_k$ 是相互独立，正态分布的白色噪声，过程激励噪声协方差矩阵为 $\boldsymbol{Q}$，测量噪声协方差矩阵为 $\boldsymbol{R}$，即：$\boldsymbol{W}_k \sim N(0,\boldsymbol{Q})$，$\boldsymbol{V}_k \sim N(0,\boldsymbol{R})$。

UT 变换计算 Sigma 点和相应的权值 $\omega$ 如下：

$2n+1$ 个 Sigma 点

$$
\begin{cases}
\boldsymbol{X}^0 = \bar{\boldsymbol{X}}, & i = 0 \\
\boldsymbol{X}^i = \bar{\boldsymbol{X}} + (\sqrt{(n+\lambda)\boldsymbol{P}})_i, & i = 1,2,\cdots,n \\
\boldsymbol{X}^i = \bar{\boldsymbol{X}} - (\sqrt{(n+\lambda)\boldsymbol{P}})_i, & i = n+1,n+2,\cdots,2n
\end{cases}
\tag{4.25}
$$

这些采样点相应的权值

$$
\begin{cases}
\omega_{\mathrm{m}}^0 = \dfrac{\lambda}{n+\lambda} \\[2mm]
\omega_{\mathrm{c}}^0 = \dfrac{\lambda}{n+\lambda} + (1-\alpha^2+\beta) \\[2mm]
\omega_{\mathrm{m}}^i = \omega_{\mathrm{c}}^i = \dfrac{\lambda}{2(n+\lambda)}, & i = 1,2,\cdots,2n
\end{cases}
\tag{4.26}
$$

式中，下标 m 表示均值；下标 c 表示协方差；参数 $\lambda = \alpha^2(n+k)-n$ 是缩放比例参数。

卡尔曼滤波要实现的功能是利用测量的状态值 $Z_k$ 去估计隐藏在噪声中的系统状态 $X_k$。无迹卡尔曼滤波步骤如下。

利用式(4.25)和式(4.26)获得一组采样点(Sigma 点集)：

$$
\boldsymbol{X}_{k-1}^i = \left[ \boldsymbol{X}_{k-1} \quad \boldsymbol{X}_{k-1} + \sqrt{(n+\lambda)\boldsymbol{P}_{k-1}} \quad \boldsymbol{X}_{k-1} - \sqrt{(n+\lambda)\boldsymbol{P}_{k-1}} \right]
\tag{4.27}
$$

$2n+1$ 个 Sigma 点集的一步预测

$$
\hat{\boldsymbol{X}}_k^i = f(\boldsymbol{X}_{k-1}^i), \quad i = 1,2,\cdots,2n+1
\tag{4.28}
$$

状态一步预测

$$
\hat{\boldsymbol{X}}_k = \sum_{i=0}^{n} \omega^i \hat{\boldsymbol{X}}_k^i
\tag{4.29}
$$

协方差一步预测

$$\hat{P}_k = \sum_{i=0}^{n} \omega^i (\hat{X}_k - X_k^i)(\hat{X}_k - X_k^i)^{\mathrm{T}} + Q \qquad (4.30)$$

根据以上一步预测值，再次进行无迹变换，产生新的 Sigma 点集：

$$X_k^i = \left[ \hat{X}_k \quad \hat{X}_k + \sqrt{(n+\lambda)\hat{P}_k} \quad \hat{X}_k - \sqrt{(n+\lambda)\hat{P}_k} \right] \qquad (4.31)$$

将式(4.31)产生的新 Sigma 点集代入测量方程(4.24)，得到预测的观测量

$$Z_k^i = H X_k^i \qquad (4.32)$$

将式(4.32)得到的新 Sigma 点集的观测预测量加权求和，得到预测的均值和协方差：

$$\hat{Z}_k = \sum_{i=0}^{n} \omega^i Z_k^i \qquad (4.33)$$

$$P_{Z_k Z_k} = \sum_{i=0}^{n} \omega^i (Z_k^i - \hat{Z}_k)(Z_k^i - \hat{Z}_k)^{\mathrm{T}} + R \qquad (4.34)$$

$$P_{X_k Z_k} = \sum_{i=0}^{n} \omega^i (X_k^i - \hat{X}_k)(Z_k^i - \hat{Z}_k)^{\mathrm{T}} \qquad (4.35)$$

卡尔曼增益

$$K_k = P_{X_k Z_k} P_{Z_k Z_k}^{-1} \qquad (4.36)$$

状态更新

$$X_k = \hat{X}_k + K_k (Z_k - \hat{Z}_k) \qquad (4.37)$$

协方差更新

$$P_k = \hat{P}_k - K_k P_{Z_k Z_k} K_k^{\mathrm{T}} \qquad (4.38)$$

式中，$\hat{X}_k$ 表示 $k$ 时刻先验状态估计值，这是算法根据前次迭代结果(就是上

一次循环的后验估计值)做出的不可靠估计;$\hat{\boldsymbol{P}}_k$ 表示 $k$ 时刻的先验估计协方差,只要初始协方差 $\boldsymbol{P}_0 \neq 0$,它的取值对滤波效果影响很小,都能很快收敛;$\boldsymbol{K}_k$ 表示卡尔曼增益,对卡尔曼增益的确定是建立滤波模型的关键步骤之一,它能显著影响滤波的结果;$\boldsymbol{X}_k$、$\boldsymbol{X}_{k-1}$ 分别表示 $k$ 时刻、$k$–1 时刻后验状态估计值,也就是要输出的该时刻最优估计值,这个值是卡尔曼滤波的结果;$\boldsymbol{P}_k$、$\boldsymbol{P}_{k-1}$ 分别表示 $k$ 时刻、$k$–1 时刻的后验估计协方差。

将 3.4 节的式 (3.45) 和式 (3.46) 代入至本节式 (4.27) 和式 (4.38) 的滤波器工作过程中,可得每个模型对应的最优状态估计 $\hat{\boldsymbol{X}}_{k-1}^i$ 和协方差估计 $\hat{\boldsymbol{P}}_{k-1}^i$。

### 4.3.2  轴承多状态滤波器模型

在实际的轴承从正常到退化失效的过程中,系统的动态模型一般会随时间发展而产生变化。如轴承从平稳工作,到缓慢退化,再到迅速退化,可以认为系统经历了三种状态模型的变化。

轴承平稳运行阶段,状态监测指标基本不变,可认为是一条水平直线,故应用零阶多项式线性卡尔曼滤波器模型描述。轴承缓慢退化阶段,状态监测指标均匀增加,可认为是一条倾斜直线,故应用一阶多项式线性卡尔曼滤波器模型描述。轴承加速退化阶段,状态监测指标迅速增加,可以用指数非线性卡尔曼滤波器描述。各滤波器模型及相关参数建立如下:

状态方程

$$
\begin{aligned}
&x_k^1 = x_{k-1}^1 \\
&x_k^2 = x_{k-1}^2 + \dot{x}_{k-1}^2 \Delta t \\
&x_k^3 = x_{k-1}^3 \mathrm{e}^{b_{k-1}\Delta t}, \quad b_k = b_{k-1} + q_{\mathrm{b}}
\end{aligned}
\tag{4.39}
$$

状态向量

$$
\boldsymbol{X}_1(t) = \begin{bmatrix} x \\ 0 \end{bmatrix}, \quad
\boldsymbol{X}_2(t) = \begin{bmatrix} x \\ \dot{x} \end{bmatrix}, \quad
\boldsymbol{X}_3(t) = \begin{bmatrix} x \\ b \end{bmatrix}
\tag{4.40}
$$

式中,$x$ 表示状态监测指标;$\dot{x}$ 表示状态监测指标变化的速度;$b$ 为指数模型的系数;$\Delta t$ 表示状态监测值的采样间隔;角标 1、2、3 分别代表三种滤波器模型。

状态转移矩阵

$$\boldsymbol{A}_1 = \begin{bmatrix} 1 & 0 \\ 0 & 0 \end{bmatrix}, \quad \boldsymbol{A}_2 = \begin{bmatrix} 1 & \Delta t \\ 0 & 0 \end{bmatrix}, \quad \boldsymbol{A}_3 = \begin{bmatrix} e^{b_{k-1}\Delta t} & 0 \\ 0 & 1 \end{bmatrix} \tag{4.41}$$

过程噪声协方差矩阵

$$\boldsymbol{Q}_1 = q_s \begin{bmatrix} \Delta t & 0 \\ 0 & 0 \end{bmatrix}, \quad \boldsymbol{Q}_2 = q_s \begin{bmatrix} \dfrac{\Delta t^3}{3} & \dfrac{\Delta t^3}{3} \\ \dfrac{\Delta t^3}{3} & \Delta t \end{bmatrix}, \quad \boldsymbol{Q}_3 = q_s \begin{bmatrix} 1 & 0 \\ 0 & 1 \end{bmatrix} \tag{4.42}$$

式中，$q_s$ 是过程误差，可利用同工况下其他轴承已知的状态监测数据来调试卡尔曼滤波器得到。

测量矩阵

$$\boldsymbol{H}_1 = \boldsymbol{H}_2 = \boldsymbol{H}_3 = [1 \quad 0] \tag{4.43}$$

状态转移矩阵

$$\boldsymbol{Z} = \begin{bmatrix} 0.998 & 0.001 & 0.001 \\ 0.001 & 0.998 & 0.001 \\ 0.001 & 0.001 & 0.998 \end{bmatrix} \tag{4.44}$$

状态转移概率的取值是基于系统趋向于保持原来状态的性质，故 $i=j$ 时，$Z_{ij}\sim$ 1，$i\neq j$ 时，$Z_{ij}\sim 0$。

初始模型概率

$$\boldsymbol{S}_0 = [0.99 \quad 0.005 \quad 0.005] \tag{4.45}$$

这样选取是认为开始时轴承处于平稳工作状态。

初始状态

$$\boldsymbol{X}_0 = \begin{bmatrix} y_0 \\ 0 \end{bmatrix} \tag{4.46}$$

式中，$y_0$ 是第一次测量值。

初始协方差矩阵

$$\boldsymbol{P}_0 = \begin{bmatrix} 1 & 0 & 0 \\ 0 & 1 & 0 \\ 0 & 0 & 1 \end{bmatrix} \tag{4.47}$$

测量误差 $R$ 是选取轴承加速退化阶段状态监测数据的标准差。

### 4.3.3  轴承试验数据分析

#### 1. 性能退化数据

采用美国辛辛那提大学公开的滚动轴承加速轴承性能退化试验数据进行验证[7,8]。试验台如图 4.58 所示。每隔 10min 采集一次数据，每次采样 1s，采样频率 20kHz。在一次试验中，测量了四个轴承的振动加速度数据，每个轴承得到 6322 组数据，其中轴承 3 在试验结束后观察到为外圈故障作为测试样本。采用均方根值(root mean square, RMS)作为轴承健康状况的指标，轴承 3 的状态监测数据如图 4.59 所示，轴承存在平稳运行、缓慢退化、加速退化几个阶段各个阶段之间的界限并不明显。

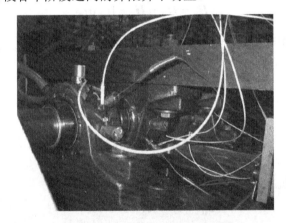

图 4.58　滚动轴承性能退化试验台

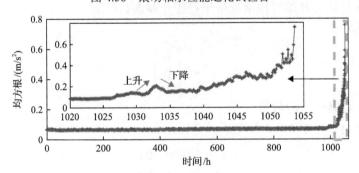

图 4.59　轴承 3 状态监测数据

### 2. 退化趋势预测

应用所提方法对图 4.59 所示的性能退化数据进行滤波处理, 结果如图 4.60 所示, 滤波结果相比原始数据变得平滑, 且呈现递增的趋势, 与预测退化过程相符。

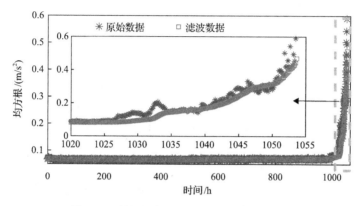

图 4.60　使用所提方法对 RMS 值滤波结果

滚动轴承退化状态估计结果如图 4.61 所示, 轴承退化被划分为健康状态和加速退化两个明显的阶段, 符合其真实退化规律。退化预测结果如图 4.62 所示, 预测的剩余使用寿命值基本接近真实寿命, 且大部分落在 30% 置信限内, 开始预测时刻是 1033h, 与图 4.61 的退化状态转折点一致。该方法能自适应判断滚动轴承退化状态并实现连续有效的退化状态预测。

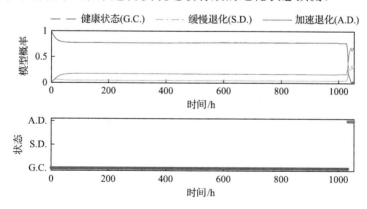

图 4.61　滚动轴承退化状态估计

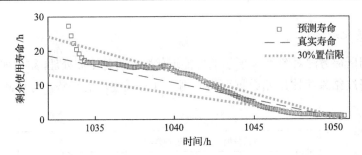

图 4.62　滚动轴承退化预测结果

　　基于 Lempel-Ziv 复杂度、多尺度排列熵、形态滤波和卡尔曼滤波的趋势分析与预测方法，可有效实现滚动轴承定量分析与预测，为实现滚动轴承的全生命周期退化性能评估及剩余使用寿命预测提供理论支撑。

## 参 考 文 献

[1] Yan R Q, Gao R X. Approximate entropy as a diagnostic tool for machine health monitoring[J]. Mechanical Systems and Signal Processing, 2007, 21(2): 824-839.

[2] 崔玲丽, 莫代一, 邬娜. 并联基追踪稀疏分解在齿轮箱弱故障诊断中的应用[J]. 仪器仪表学报, 2014, 35(11): 2633-2640.

[3] Barszcz T, Jabłoński A. A novel method for the optimal band selection for vibration signal demodulation and comparison with the Kurtogram[J]. Mechanical Systems and Signal Processing, 2011, 25(1): 431-451.

[4] Bandt C, Pompe B. Permutation entropy: A natural complexity measure for time series[J]. Physical Review Letters, 2002, 88(17): 174102.

[5] Serra J, Vincent L. An overview of morphological filtering[J]. Circuits Systems and Signal Processing, 1992, 11(1): 47-108.

[6] Cui L L, Wang X, Xu Y G, et al. A novel switching unscented Kalman filter method for remaining useful life prediction of rolling bearing[J]. Measurement, 2019, 135: 678-684.

[7] Qiu H, Lee J, Lin J, et al. Wavelet filter-based weak signature detection method and its application on rolling element bearing prognostics[J]. Journal of Sound and Vibration, 2006, 289(4-5): 1066-1090.

[8] Lee J, Qiu H, Yu G, et al. Bearing Data Set, NASA Ames Prognostics Data Repository[R]. Moffett Field: NASA Ames Research Center, 2007.

# 第5章 智能诊断方法

智能诊断是利用人工智能方法建立诊断模型，通过挖掘数据中隐含的故障特征，实现故障的自动识别。早期智能诊断研究主要集中于人工神经网络等结构简单、易于训练的浅层智能模型，但其识别精度受制于输入特征参数，存在泛化性能和鲁棒性有待提高等问题。因此，基于深层模型智能诊断算法不断涌现[1-3]。本章介绍基于模糊神经网络智能诊断方法及基于多源数据融合和卷积神经网络模型的故障智能诊断方法。

## 5.1 模糊神经网络智能诊断方法

以模糊神经网络模型为例，介绍滚动轴承故障浅层智能诊断方法。由于早期故障特征微弱及噪声影响等问题，引入可能性理论与逐次诊断算法，实现基于模糊神经网络的滚动轴承故障诊断。

### 5.1.1 逐次诊断算法

本节以滚动轴承早期故障诊断试验为例，介绍基于可能性理论和模糊神经网络的智能诊断方法[4,5]。

#### 1. 诊断流程

以识别四种状态(正常、外圈故障、内圈故障和滚动体故障)为例，建立逐次诊断流程，分三步实现故障类型准确识别，每一步区分两种状态，图 5.1 为逐次诊断方法的过程。

具体过程可描述为：逐次诊断的第一步基于可能性理论识别正常状态(N)、轴承故障(B)以及未知状态(U)。第二步识别内圈故障(I)、其他轴承故障(滚动体故障(R)、外圈故障(O))和未知状态。第三步识别外圈故障、滚动体故障和未知状态。诊断模型输入数据为敏感特征参数(symptom Parameters, SP)矩阵，所使用的频域特征参数如式(5.1)~式(5.7)所示。获得特征参数矩阵后，通过识别因子(DI)及识别率(DR)指标评价不同特征参数敏感度，每个步骤的 DI 值如表 5.1 所示。DI 值越大，特征参数诊断效果越

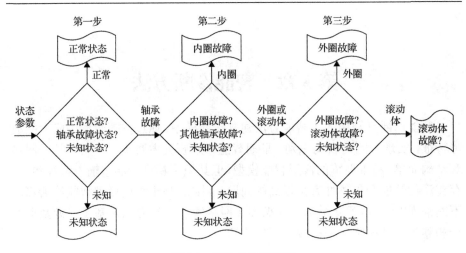

图 5.1　逐次诊断流程图

好。因此，根据 DI 值选择两个最佳状态参数（$P_i$ 和 $P_j$）进行逐次诊断。如表 5.1 所示，在第一个诊断步骤中，选择 $P_1$ 和 $P_4$，第二步选择 $P_4$ 和 $P_6$，最后一步选用 $P_3$ 和 $P_7$。

表 5.1　逐次诊断特征参数对应的 DI 值

| SP | $P_1$ | $P_2$ | $P_3$ | $P_4$ | $P_5$ | $P_6$ | $P_7$ |
|---|---|---|---|---|---|---|---|
| | | | | (a) 第一步 | | | |
| N:I | 5.04 | 2.64 | 1.65 | 11.12 | 3.53 | 10.96 | 10.4 |
| N:R | 5.484 | 1.92 | 1.45 | 6.74 | 3.82 | 1.12 | 4.89 |
| N:O | 6.323 | 3.40 | 2.97 | 14.32 | 4.00 | 11.26 | 10.67 |
| | | | | (b) 第二步 | | | |
| I:O | 2.82 | 2.01 | 4.03 | 7.93 | 6.24 | 6.95 | 8.65 |
| I:R | 0.89 | 1.51 | 0.50 | 3.50 | 3.61 | 4.62 | 3.17 |

2. 特征参数及敏感性评价

采用故障诊断中常用的 7 个频域参数，计算公式如下：

$$P_1 = \sqrt{\dfrac{\sum\limits_{i=1}^{N} f_i^2 S(f_i)}{\sum\limits_{i=1}^{N} S(f_i)}} \qquad (5.1)$$

$$P_2 = \sqrt{\frac{\displaystyle\sum_{i=1}^{N} f_i^4 S(f_i)}{\displaystyle\sum_{i=1}^{N} f_i^2 S(f_i)}} \tag{5.2}$$

$$P_3 = \frac{\displaystyle\sum_{i=1}^{N} f_i^2 S(f_i)}{\sqrt{\displaystyle\sum_{i=1}^{N} S(f_i) \sum_{i=1}^{N} f_i^4 S(f_i)}} \tag{5.3}$$

$$P_4 = \frac{\sigma}{\overline{f}} \tag{5.4}$$

$$P_5 = \frac{\displaystyle\sum_{i=1}^{N} \left(f_i - \overline{f}\right)^3 S(f_i)}{\sigma^3 N} \tag{5.5}$$

$$P_6 = \frac{\displaystyle\sum_{i=1}^{N} \left(f_i - \overline{f}\right)^4 S(f_i)}{\sigma^4 N} \tag{5.6}$$

$$P_7 = \frac{\displaystyle\sum_{i=1}^{N} \sqrt{\left|f_i - \overline{f}\right|} S(f_i)}{\sqrt{\sigma} N} \tag{5.7}$$

式中，$N$ 为谱线数；$f_i$ 为频率；$S(f_i)$ 为信号包络谱；

$$\sigma = \sqrt{\frac{\displaystyle\sum_{i=1}^{N} \left(f_i - \overline{f}\right)^2 S(f_i)}{N-1}}$$

$$\overline{f} = \sum_{i=1}^{N} f_i S(f_i) \Big/ \sum_{i=1}^{N} S(f_i)$$

特征参数对不同故障状态敏感性不同，假设 $x_1$ 和 $x_2$ 分别是状态 1 和状态 2 的特征参数，分别符合正态分布 $N\left(\mu_1, \sigma_1^2\right)$ 和 $N\left(\mu_2, \sigma_2^2\right)$，其中 $\mu_i\ (i=1,\ 2)$

是均值，$\sigma_i$（$i$=1, 2）是标准偏差。$|x_2 - x_1|$越大，证明该参数区分两种状态的灵敏度越高。因为 $z = |x_2 - x_1|$ 也是服从正态分布的 $N\left(\mu_2 - \mu_1, \sigma_2^2 + \sigma_1^2\right)$，$z$ 的密度函数如下：

$$f(z) = \frac{1}{\sqrt{2\pi\left(\sigma_1^2 + \sigma_2^2\right)}} \exp\left(-\frac{\left[z - \left(\mu_2 - \mu_1\right)\right]^2}{2\left(\sigma_1^2 + \sigma_2^2\right)}\right) \tag{5.8}$$

其中，$\mu_2 \geqslant \mu_1$。$x_2 < x_1$ 的概率可以由式（5.9）计算：

$$P_0 = \int_{-\infty}^{0} f(z)\mathrm{d}z \tag{5.9}$$

式（5.9）可变为

$$P_0 = \frac{1}{\sqrt{2\pi}} \int_{-\infty}^{-\mathrm{DI}} \exp\left(-\frac{u^2}{2}\right)\mathrm{d}u \tag{5.10}$$

其中，识别指数 DI 可由式（5.11）计算：

$$\mathrm{DI} = \frac{\mu_2 - \mu_1}{\sqrt{\sigma_1^2 + \sigma_2^2}} \tag{5.11}$$

识别率 DR 为

$$\mathrm{DR} = 1 - P_0 \tag{5.12}$$

DI 值越大，DR 越大，选定的特征参数越好。对于多种故障状态识别问题，很难凭借少数个 SP 完成，但容易找到识别两种不同状态的 SP。因此，引入上述逐次诊断方法。

### 5.1.2　基于可能性理论的故障信息提取

由振动信号计算得到的状态参数值也包含了部分模糊信息，可能性理论用模糊集表示带有不确定性的知识，可以解决上述模糊问题。SP 的可能性函数可以从概率密度函数中得到，当概率密度函数符合正态分布时，可以用式（5.13）将其转变为可能性函数 $P(x_i)$：

$$P(x_i) = \sum_{k=1}^{N} \min\{\lambda_i, \lambda_k\}$$

$$\lambda_i = \int_{x_{i-1}}^{x_i} \frac{1}{\sigma\sqrt{2\pi}} \exp\left(-\frac{(x-\bar{x})^2}{2\sigma^2}\right) dx \qquad (5.13)$$

$$\lambda_k = \int_{x_{k-1}}^{x_k} \frac{1}{\sigma\sqrt{2\pi}} \exp\left(-\frac{(x-\bar{x})^2}{2\sigma^2}\right) dx$$

式中，$\sigma$ 和 $x$ 分别是特征参数的标准差和均值。

逐次诊断过程中，可能性函数和概率密度函数如图 5.2 所示。在图 5.2(a) 中，N、B 和 U 分别是正常状态、轴承故障和未知状态的可能性函数；n、o、r 和 i 分别是正常状态、外圈故障、滚动体故障和内圈故障的概率密度函数。在图 5.2(b) 中，I、OR 和 U 分别是内圈故障、其他轴承故障(滚动体故障和外圈故障)和未知状态可能性函数；i、r 和 o 分别是内圈故障、滚动体

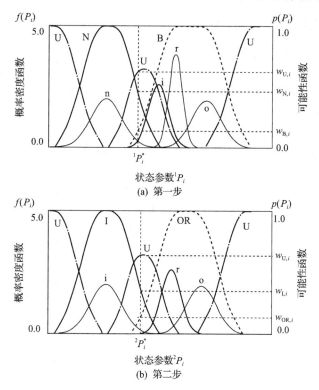

(a) 第一步

(b) 第二步

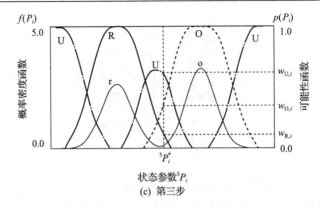

图 5.2　故障诊断概率密度函数及可能性函数举例

故障和外圈故障的概率函数。在图 5.2(c)中，R、O 和 U 分别是滚动体故障、外圈故障和未知状态可能性函数；r 和 o 分别是滚动体故障和外圈故障的概率密度函数。

### 5.1.3　基于模糊神经网络的智能诊断模型

#### 1. 建立模糊推理准则

确定性因素模型是一种基于规则的专家系统表示和处理不确定知识的模型，确定性因子 $\mathrm{CF}(h,e)$ 介于 –1 和 +1 之间，表示可能性量度，其中 $h$ 和 $e$ 分别表示假设和证据。在应用模糊推理时，需要对 SP 进行组合，本方法中采用式(5.14)所示的确定性因子组合函数，建立模糊推理准则

$$\mathrm{CF}(h,e_1\ \mathrm{co}\ e_2)=\begin{cases} w_1+w_2-w_2w_1, & w_1,w_2>0 \\ \dfrac{w_1+w_2}{1-\min\{|w_1|,|w_2|\}}, & -1<w_1,w_2\leqslant 0 \\ w_1+w_2+w_2w_1, & w_1,w_2<0 \end{cases} \tag{5.14}$$

式中，$\mathrm{CF}(h,e_1)=w_1$，$\mathrm{CF}(h,e_2)=w_2$，第二个自变量是可交换和结合的，其中 co 表示结合[6]，因此，应用规则的顺序对最终结果没有影响。两个选定的特征参数($P_i$ 和 $P_j$)的组合函数可以通过式(5.15)所示确定性因子获得：

$$w=w_i+w_j-w_iw_j \tag{5.15}$$

式中，$w$ 是组合函数；$w_i$ 和 $w_j$ 分别为 $P_i$ 和 $P_j$ 的可能性函数。

如上所述,在逐次诊断各个步骤中 SP 的组合函数可通过下述方式获得。逐次诊断的第一步中,正常状态($w'_\mathrm{N}$)、轴承故障状态($w'_\mathrm{B}$)和未知状态($w'_\mathrm{U}$)的归一化组合可能性函数通过状态参数 $P_i$ 和 $P_j$($i=1$,$j=4$)获得

$$w'_\mathrm{N} = \frac{w_\mathrm{N}}{w_\mathrm{N} + w_\mathrm{B} + w_\mathrm{U}}, \quad w'_\mathrm{B} = \frac{w_\mathrm{B}}{w_\mathrm{N} + w_\mathrm{B} + w_\mathrm{U}}, \quad w'_\mathrm{U} = \frac{w_\mathrm{U}}{w_\mathrm{N} + w_\mathrm{B} + w_\mathrm{U}} \tag{5.16}$$

式 中, $w_\mathrm{N} = w_{\mathrm{N},i} + w_{\mathrm{N},j} - w_{\mathrm{N},i}w_{\mathrm{N},j}$, $w_\mathrm{B} = w_{\mathrm{B},i} + w_{\mathrm{B},j} - w_{\mathrm{B},i}w_{\mathrm{B},j}$, $w_\mathrm{U} = w_{\mathrm{U},i} + w_{\mathrm{U},j} - w_{\mathrm{U},i}w_{\mathrm{U},j}$。$w_{\mathrm{N},i}$、 $w_{\mathrm{B},i}$、 $w_{\mathrm{U},i}$(图 5.2(a))和 $w_{\mathrm{N},j}$、 $w_{\mathrm{B},j}$、 $w_{\mathrm{U},j}$ 分别是由 $P_i$ 和 $P_j$ 获得的正常状态、轴承故障和未知状态的概率。

在逐次诊断的第二步中, 内圈故障($w'_\mathrm{I}$)、其他轴承故障($w'_\mathrm{OR}$)和未知状态($w'_\mathrm{U}$)的归一化组合函数可以分别通过 $P_i$ 和 $P_j$($i=4$,$j=6$)的可能性函数获得, 如下所示:

$$w'_\mathrm{I} = \frac{w_\mathrm{I}}{w_\mathrm{I} + w_\mathrm{OR} + w_\mathrm{U}}, \quad w'_\mathrm{OR} = \frac{w_\mathrm{OR}}{w_\mathrm{I} + w_\mathrm{OR} + w_\mathrm{U}}, \quad w'_\mathrm{U} = \frac{w_\mathrm{U}}{w_\mathrm{I} + w_\mathrm{OR} + w_\mathrm{U}} \tag{5.17}$$

式 中, $w_\mathrm{I} = w_{\mathrm{I},i} + w_{\mathrm{I},j} - w_{\mathrm{I},i}w_{\mathrm{I},j}$, $w_\mathrm{OR} = w_{\mathrm{OR},i} + w_{\mathrm{OR},j} - w_{\mathrm{OR},i}w_{\mathrm{OR},j}$, $w_\mathrm{U} = w_{\mathrm{U},i} + w_{\mathrm{U},j} - w_{\mathrm{U},i}w_{\mathrm{U},j}$。$w_{\mathrm{I},i}$、 $w_{\mathrm{OR},i}$、 $w_{\mathrm{U},i}$(图 5.2(b))和 $w_{\mathrm{I},j}$、 $w_{\mathrm{OR},j}$、 $w_{\mathrm{U},j}$ 分别是对应 $P_i$ 和 $P_j$ 的内圈故障、其他轴承故障以及未知状态的概率。

在逐次诊断的最后一步中, 可以通过状态参数 $P_i$ 和 $P_j$($i=3$,$j=7$)分别获得外圈故障($w'_\mathrm{O}$)、滚动体故障($w'_\mathrm{R}$)和未知状态($w'_\mathrm{U}$)的归一化组合可能性函数, 如下所示:

$$w'_\mathrm{O} = \frac{w_\mathrm{O}}{w_\mathrm{O} + w_\mathrm{R} + w_\mathrm{U}}, \quad w'_\mathrm{R} = \frac{w_\mathrm{R}}{w_\mathrm{O} + w_\mathrm{R} + w_\mathrm{U}}, \quad w'_\mathrm{R} = \frac{w_\mathrm{U}}{w_\mathrm{O} + w_\mathrm{R} + w_\mathrm{U}} \tag{5.18}$$

式 中, $w_\mathrm{O} = w_{\mathrm{O},i} + w_{\mathrm{O},j} - w_{\mathrm{O},i}w_{\mathrm{O},j}$, $w_\mathrm{R} = w_{\mathrm{R},i} + w_{\mathrm{R},j} - w_{\mathrm{R},i}w_{\mathrm{R},j}$, $w_\mathrm{U} = w_{\mathrm{U},i} + w_{\mathrm{U},j} - w_{\mathrm{U},i}w_{\mathrm{U},j}$。$w_{\mathrm{O},i}$、 $w_{\mathrm{R},i}$、 $w_{\mathrm{U},i}$(图 5.2(c))和 $w_{\mathrm{O},j}$、 $w_{\mathrm{R},j}$、 $w_{\mathrm{U},j}$ 分别是对应 $P_i$ 和 $P_j$ 的内圈故障、滚动体故障以及未知状态的概率。

最后, 使用式(5.16)～式(5.18)所示模糊神经网络推理规则判断每个状态的可能性,并自动识别轴承故障类型。

## 2. 基于模糊神经网络模型故障诊断

基于部分线性化神经网络(partially-linearized neural network, PNN)结合

模糊理论，构建模糊神经网络，来实现滚动轴承故障类型的逐次诊断。PNN由输入层、隐层和输出层组成，图 5.3 为逐次诊断结合 PNN 算法的故障识别流程图。

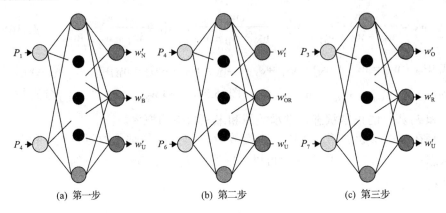

(a) 第一步          (b) 第二步          (c) 第三步

图 5.3　基于 PNN 的轴承故障识别流程图

图 5.3 (a) 所示的第一步，SP ($P_1$ 和 $P_4$) 被输入 PNN 网络，隐层神经元个数设为 70，网络输出 $w'_N$、$w'_B$、$w'_U$ 分别是正常状态、轴承故障和未知状态的可能性。基于 5.1.2 节所述的可能性理论获得 PNN 的输入数据集，这一前处理方式可降低状态参数和故障类型之间的不确定性导致的影响。因此，PNN 网络可以获得良好的收敛性。部分训练数据如表 5.2 所示，将测试数据输入到训练好的 PNN 模型，以验证其分类能力，根据模型输出相应状态可能性，可快速、自动地进行故障识别。诊断结果如表 5.3 所示，结果表明，PNN 模型可实现滚动轴承故障有效识别。

**表 5.2　PNN 学习的训练数据示例**

| SP | | 状态 | | |
| --- | --- | --- | --- | --- |
| | | (a) 第一步 | | |
| $P_1$ | $P_4$ | $w'_N$ | $w'_B$ | $w'_U$ |
| 147.20 | 0.086 | 0 | 0 | 1 |
| 167.46 | 0.103 | 0.67 | 0 | 0.33 |
| 199.98 | 0.154 | 0.286 | 0.286 | 0.428 |
| ⋮ | ⋮ | ⋮ | ⋮ | ⋮ |

续表

| SP | | 状态 | | |
| --- | --- | --- | --- | --- |
| (b) 第二步 | | | | |
| $P_4$ | $P_6$ | $w_I'$ | $w_{OR}'$ | $w_U'$ |
| 0.645 | 3.23 | 1 | 0 | 0 |
| 0.584 | 0.221 | 0.5 | 0.25 | 0.25 |
| 1.762 | 1.464 | 0 | 0.67 | 0.33 |
| ⋮ | ⋮ | | ⋮ | ⋮ |
| (c) 第三步 | | | | |
| $P_3$ | $P_7$ | $w_R'$ | $w_O'$ | $w_U'$ |
| 0.678 | 1.99 | 1 | 0 | 0 |
| 0.654 | 4.35 | 0.25 | 0.5 | 0.5 |
| 0.654 | 2.763 | 0.33 | 0 | 0.67 |
| ⋮ | ⋮ | ⋮ | ⋮ | ⋮ |

**表 5.3　PNN 的验证结果**

| (a) 第一步 | | | | | |
| --- | --- | --- | --- | --- | --- |
| $P_1$ | $P_4$ | $w_N'$ | $w_B'$ | $w_U'$ | 分类 |
| 176.49 | 0.135 | 0.87 | 0.013 | 0.12 | N |
| ⋮ | ⋮ | ⋮ | ⋮ | ⋮ | ⋮ |
| 202.74 | 0.56 | 0.01 | 0.745 | 0.232 | B |
| 149.35 | 0.103 | 0.16 | 0.001 | 0.826 | U |
| (b) 第二步 | | | | | |
| $P_4$ | $P_6$ | $w_I'$ | $w_{OR}'$ | $w_U'$ | 分类 |
| 0.635 | 2.984 | 0.858 | 0.02 | 0.153 | I |
| 1.285 | 1.012 | 0.014 | 0.826 | 0.158 | O 或 R |
| ⋮ | ⋮ | ⋮ | ⋮ | ⋮ | ⋮ |
| 0.103 | 4.70 | 0.19 | 0.022 | 0.81 | U |
| (c) 第三步 | | | | | |
| $P_3$ | $P_7$ | $w_R'$ | $w_O'$ | $w_U'$ | 分类 |
| 0.708 | 4.068 | 0.021 | 0.865 | 0.15 | O |
| ⋮ | ⋮ | ⋮ | ⋮ | ⋮ | ⋮ |
| 0.644 | 0.05 | 0.152 | 0.000 | 0.85 | U |

　　本节结合逐次诊断算法、可能性理论获得敏感特征参数矩阵，基于模糊理论与部分线性化神经网络构建模糊神经网络智能诊断模型。该方法首先计算可以反映滚动轴承故障特征的频域无量纲状态参数，随后基于可能性理论将状态参数的概率分布函数转化为概率函数的隶属函数，基于模糊理论得到多个敏感状态参数的组合隶属函数，将其作为训练数据输入 PNN 模型，实现了滚动轴承故障的自动诊断。

## 5.2　多源数据灰度特征图像智能诊断方法

　　针对相同时间节点的多源数据相邻分布的特点，通过特殊尺寸卷积核自适应融合灰度图像中相同时间节点数据，交替的卷积层和池化层来提取特征和压缩特征图，提出基于多源数据灰色特征图像智能诊断方法，诊断流程如图 5.4 所示。

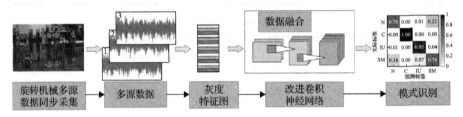

图 5.4　基于多源数据灰度图像诊断方法流程图

### 5.2.1　多源数据灰度特征图像构造算法

　　采用多传感器同步采集诊断对象的振动信息，获得设备相同时刻的多源数据。首先将原始信号随机截断，得到若干个长度为 $M \times N$ 的信号 $s(k, i)$。$S(k, i)$ 表示 $s(k, i)$ 与自身的点积，可由式 (5.19) 计算。然后根据式 (5.20) 计算特征图像 $F(m, n)$ 的像素值。该算法无须预先设定参数或专家经验，可快速从原始数据中获取特征增强的图像[7]。多源传感器信号转灰度图流程图如图 5.5 所示。

$$S(k, i) = s(k, i) \cdot s(k, i) \tag{5.19}$$

$$F(m, n) = \text{unit8}\left( 255 \times \frac{S(k, (m-k) \times N / (3+n))}{\max S(k, i)} \right)$$

$$k(m) = \begin{cases} 1, & m = 1,4,7,\cdots,3M-2 \\ 2, & m = 2,5,8,\cdots,3M-1 \\ 3, & m = 3,6,9,\cdots,3M \end{cases} \tag{5.20}$$

式中，$k$ 是信号采集通道，$k=1,2,3$；$i$ 是截断信号的数据点，$i = 1,2,\cdots,M \times N$；$m$ 和 $n$ 是特征图像的坐标，$m = 1,2,\cdots,M, n = 1,2,\cdots,N$；uint8 是将图像数据类型转换为 8 位无符号整数。

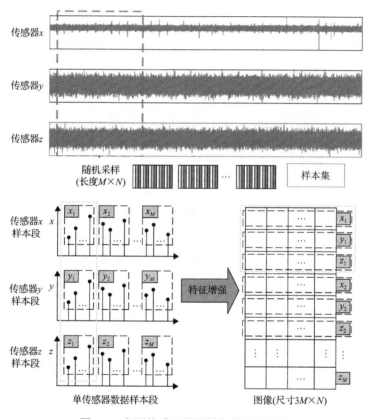

图 5.5　多源传感器信号转灰度图流程图

## 5.2.2　瓶颈层优化的卷积神经网络模型

针对图像中多源数据融合问题，构建了一种具有特殊融合方法的卷积神经网络(CNN)模型，该模型在结构上分为五类：输入层、瓶颈层、卷积层、池化层和全连接层。该模型用于处理分析由 3 个传感器采集并转换成尺寸为

64×192 的灰度特征图像。基于多传感器数据融合与瓶颈层优化卷积神经网络(multi-sensor data fusion and bottleneck layer optimized convolutional neural network)模型结构如图 5.6 所示，称为 MB-CNN。

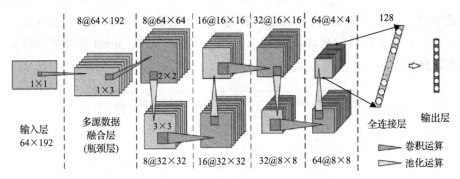

图 5.6　基于灰度图像的卷积神经网络框架结构

　　基于多源数据的灰度图像的网络包含 12 层网络结构，其中瓶颈层可以看作是 1×1 卷积核的卷积运算。1×1 卷积核能够实现不同特征图的线性组合进而实现多通道信息集成、等尺度下的维数提升(图像分辨率不变)或通过非线性激活函数增加非线性特征。MB-CNN 模型结构的具体参数如表 5.4 所示。

表 5.4　MB-CNN 模型结构的参数

| 序号 | 层 | 核尺寸 | 核数量 | 步长 | 填充补零 | 激活函数 | 输出尺寸 |
|---|---|---|---|---|---|---|---|
| 1 | 输入层 | — | — | — | — | — | (64, 192) |
| 2 | 瓶颈层 | (1, 1) | 8 | — | — | — | (64, 192) |
| 3 | 融合层 | (1, 3) | 8 | 1 | — | ReLU | (64, 64) |
| 4 | 池化层 | (2, 2) | — | 2 | — | — | (32, 32) |
| 5 | 卷积层 | (3, 3) | 16 | 1 | 有 | ReLU | (32, 32) |
| 6 | 池化层 | (2, 2) | — | 2 | — | — | (16, 16) |
| 7 | 卷积层 | (3, 3) | 32 | 1 | 有 | ReLU | (16, 16) |
| 8 | 池化层 | (2, 2) | — | 2 | — | — | (8, 8) |
| 9 | 卷积层 | (3, 3) | 64 | 1 | 有 | ReLU | (8, 8) |
| 10 | 池化层 | (2, 2) | — | 2 | — | — | (4, 4) |
| 11 | 全连接层 | 1 | — | — | — | — | (128, 1) |
| 12 | 输出层 | — | — | — | — | — | class |

　　MB-CNN 模型结构利用瓶颈层扩展了输入层的特征，更关注原始特征图的局部特征。瓶颈层的输出用于三通道数据融合，灰度图中的多源数据通过大小为 1×3 卷积核融合，步长与卷积核尺寸相同，使三通道数据能够有效融合。在瓶颈层中的输出，同一时间节点的三个通道的数据特征被融合，不同时间节点的数据不会在本层融合。经过瓶颈层与融合层对灰度图初步特征提取后，添加交替的卷积层和池化层进一步挖掘特征。最后通过全连接层汇集特征信息，实现故障的智能识别。该网络中常规卷积操作后采用了边缘补零方法，保证了卷积输出后图像的大小与卷积运算前不变。

### 5.2.3　试验验证

　　为了验证方法有效性，基于风电齿轮箱试验台开展故障诊断试验。试验台由二级齿轮箱、轴承座、电机、电磁制动器和末端风扇组成，如图 5.7 所示。故障元件如图 5.8 所示。风电齿轮箱试验台故障状态共六类：轴承内圈断裂和齿轮正常(IN)、轴承内圈断裂和齿轮齿根断裂(ITF)、轴承内圈断裂和齿轮齿根磨损(ITR)、轴承外圈断裂和齿轮正常(ON)、轴承外圈断裂和齿轮齿根断裂(OTF)、轴承外圈断裂和齿轮齿根磨损(OTR)。故障齿轮安装在转速为 1200r/min 的齿轮箱高速轴上，使用三通道加速度传感器采集振动信号，传感器安装位置如图 5.7(b)所示：垂直方向(CH1)、水平方向(CH2)以及轴向(CH3)。

　　不同状态样本时域波形如图 5.9 所示，每种状态制作 1200 个样本，随机抽取其中 1000 个作为训练集，剩余 200 个作为测试集。用 5.2.2 节所述多源数据二维图像构造方法将三通道振动信号转换为灰度特征图，如表 5.5 所示。采用 MB-CNN 模型，设置 $M=N=64$，转置灰度特征图像，得到图像大小 64×192 的 3 通道数据合成特征图像。MB-CNN 模型瓶颈层卷积核尺寸为 1×3，剩余卷积层中卷积核设置为 3×3。将 MB-CNN 模型预测结果与 DBN、支持向量机(support vector machine, SVM)、人工神经网络(artificial neural network, ANN)等几种传统模型预测结果进行了比较，此外，为了验证多源数据融合方法的优越性，将该方法与仅保留 $x$、$y$ 和 $z$ 中单通道数据的预测结果也进行了比较。对比模型参数设置如下：

　　(1)CNN(多源数据)：不具有瓶颈层的多源数据 CNN 模型，卷积层中卷积核设置为 3×3；使用最大池化函数，滤波器设置为 2×2。

　　(2)CNN(单通道数据)：不具有瓶颈层的单通道数据 CNN 模型，卷积层中卷积核设置为 3×3；使用最大池化函数，滤波器设置为 2×2。

(a) 风电齿轮箱试验台　　　　　　　(b) 多源传感器安装位置

图 5.7　风电齿轮箱试验台

(a) 齿根断裂　　　　　　　　　(b) 齿根磨损

(c) 外圈断裂　　　　　　　　　(d) 内圈断裂

图 5.8　故障元件示意图

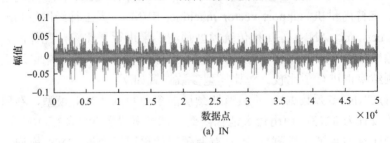

(a) IN

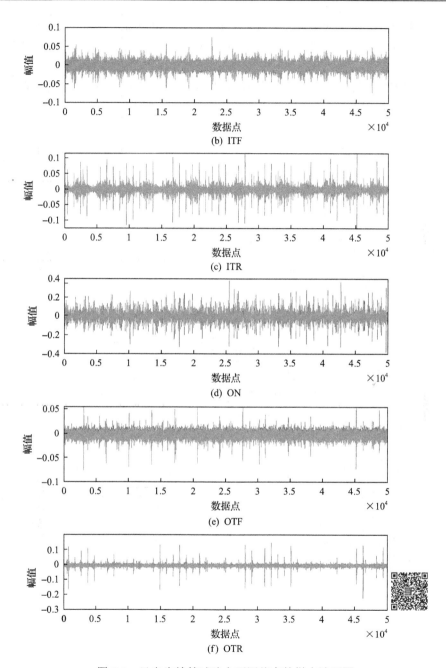

图 5.9　风电齿轮箱试验台不同状态的样本波形图

(3) DBN：三个受限玻尔兹曼机(restricted Boltzmann machine, RBM)叠加而成的 DBN 模型，神经元数量分别为 500、200 和 50，运行 100 个周期后停止训练。

(4) SVM：使用径向基核函数(radial basis function, RBF)，惩罚项 $C$ 设为 5，gamma 设为 0.1，迭代次数 200 次。

(5) ANN：隐层神经元 256 个，学习率为 0.02，动量为 0.1。经过 100 个周期后停止训练。

根据信号转灰度图模型，确定图像尺寸参数 $M=N=64$，然后对得到的图像进行转置，得到合成图像，单通道图像采集方法与 5.2.2 节介绍相似，单通道灰度图像和转置后的多源数据灰度拼接特征图如表 5.5 所示。

**表 5.5　三通道的灰度特征图及其合成特征图**

| 设备状态 | 传感器 1 | 传感器 2 | 传感器 3 | 拼接特征图 |
|---|---|---|---|---|
| IN | | | | |
| ITF | | | | |
| ITR | | | | |
| ON | | | | |
| OTF | | | | |
| OTR | | | | |

上述模型各运行 10 次，平均预测准确度如表 5.6 所示，可知 MB-CNN 模型预测精度 99.47%，优于对比模型。三种 CNN 模型的预测混淆矩阵如图 5.10 所示。混淆矩阵的纵轴表示样本的实际标签，横轴表示样本的预测标签，可见 MB-CNN 模型的预测准确率远高于其他模型。MB-CNN 模型混淆矩阵如图 5.10(a) 所示，2% 的 ITF 故障条件被错误地预测为 OTF 故障条件，1% 的 ON 故障条件被错误地预测为 OTF 故障条件，其他样本都被准确识别。另外两个 CNN 模型样本错误识别率相对较高。如图 5.10(b) 和 (c) 所示，未使用瓶颈层的多源通道数据 CNN 模型识别精度 90.75%，未使用瓶颈层优化的单通道数据 CNN 模型识别精度 81.00%。MB-CNN、CNN(多源数据) 和 CNN(单通道数据) 的损失函数曲线如图 5.11 所示，准确率如图 5.12 所示，MB-CNN 模型在 30 次迭代后基本收敛，与其他 CNN 模型相比，预测精度和收敛速度都更具优势。

表 5.6　模型对比结果

| 方法(输入类型) | 平均预测准确率/% |
|---|---|
| MB-CNN | 99.47 |
| CNN(多源数据) | 93.54 |
| CNN(单通道数据) | 85.73 |
| DBN | 79.78 |
| SVM | 71.36 |
| ANN | 64.52 |

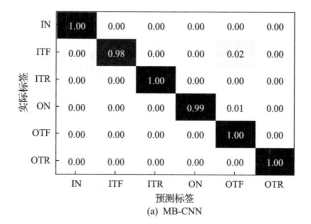

(a) MB-CNN

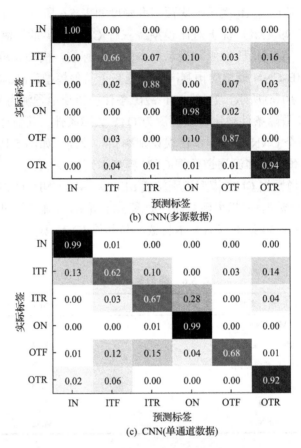

(b) CNN(多源数据)

(c) CNN(单通道数据)

图 5.10　诊断案例混淆矩阵

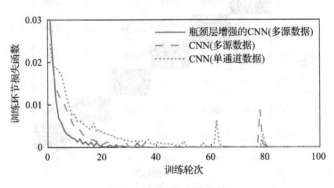

图 5.11　损失函数曲线

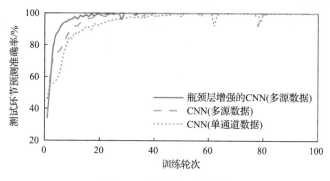

图 5.12　预测准确率曲线

## 5.3　多源数据彩色特征图像智能诊断方法

利用加速度传感器采集多通道振动信号，获得多源数据彩色特征图像，基于 LeNet-5[8]构造改进卷积神经网络诊断模型，用于识别滚动轴承早期故障。改进的卷积神经网络模型通过卷积层和池化层交替提取特征和压缩特征图，瓶颈层在不改变原有网络结构的基础上进一步深化网络，通过可视化全连接层数据的方法进一步评估网络模型性能。基于多源数据的彩色图像模式识别诊断方法的流程图如图 5.13 所示。

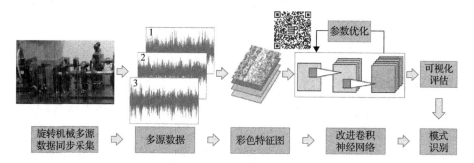

图 5.13　基于多源数据的彩色图像模式识别诊断方法流程图

### 5.3.1　多源数据彩色特征图像构造算法

为了融合三个方向振动信号特征，获得更丰富的设备状态信息，突出振动源三个方向振动信号的特征，提出了一种增强振动冲击特征的信号-彩色图像的转换方法[9]。

多源彩色特征图像构造方法流程如图 5.14 所示。采集三传感器通道的振动数据，随机选取起始点截断原始信号，得到多个信号样本段 $s(k,i)$。通过式(5.21)和式(5.22)计算特征图像的像素值，得到像素矩阵：

$$F_k(m,n) = \text{unit8}\left[255 \times \frac{S(k,(m-1)\times q+n)}{\max S(k,i)}\right] \tag{5.21}$$

$$S(k,i) = s(k,i) \cdot s(k,i) \tag{5.22}$$

式中，$k$ 是信号采集通道，$k=1, 2, 3$；$i$ 是信号样本段的数据点坐标，$i=1,2,\cdots,$ $p\times q$；$m$ 和 $n$ 是特征图像的坐标，$m=1,2,\cdots,p, n=1,2,\cdots,q$。该数据预处理方法将数据值范围限定在灰度图像的像素值范围[0, 255]内。

### 5.3.2　改进卷积神经网络故障诊断模型

基于 LeNet-5 构造改进的 CNN 模型，网络结构如图 5.15 所示。典型 CNN 模型仅通过卷积层和池化层处理数据，在整个连接层聚合之前提取特征，并通过输出层输出预测值。改进的网络结构在全连接层之前添加瓶颈层进一步挖掘数据特性，选用最大池化层，提取局部特征降低特征图尺寸。与其他网络不同，瓶颈层卷积核通道不承担减少计算量功能，而是通过适当地增加瓶颈层通道数量来丰富数据特征。为减少模型参数计算量，使用边缘补零方法，确保输入图像在卷积后不会改变大小。具体参数如表 5.7 所示，其中瓶颈层 B1 卷积核数量根据经验确定。

### 5.3.3　试验验证

为了验证方法有效性，基于风电齿轮箱试验台开展故障诊断试验。试验条件及测试数据同 5.2 节。

根据上述彩色图像特征样本集制作方法，随机截断信号长度为 4096，确定图像尺寸参数 $M=N=64$ 后合成彩色特征图像。将多通道信号融合方法与只使用单通道数据进行了比较，以证明多源信号融合方法的优势。单通道图像为仅保留 CH1、CH2、CH3 某一单通道数据的灰度图，单通道灰度图像及合成的彩色特征图如表 5.8 所示。

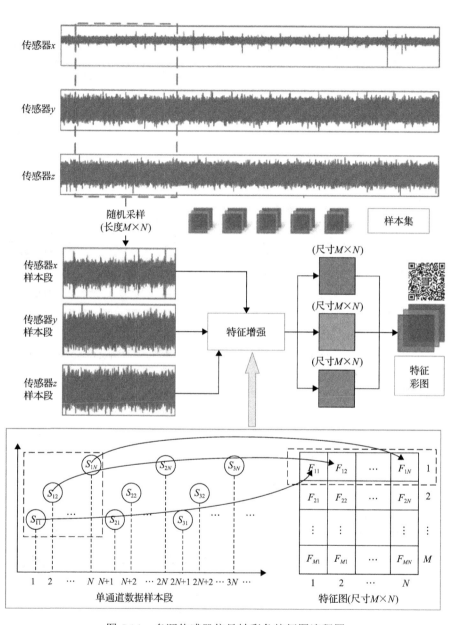

图 5.14　多源传感器信号转彩色特征图流程图

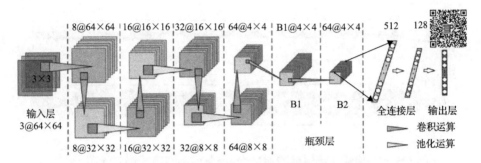

图 5.15　基于彩色图像的卷积神经网络框架结构

表 5.7　改进 CNN 的参数

| 序号 | 层 | 核尺寸 | 核数量 | 步长 | 填充补零 | 激活函数 | 输出尺寸 |
|---|---|---|---|---|---|---|---|
| 1 | 输入层 | — | — | — | — | | (64, 64) |
| 2 | 卷积层 | (3, 3) | 8 | 1 | 有 | ReLU | (64, 64) |
| 3 | 池化层 | (2, 2) | — | 2 | — | | (32, 32) |
| 4 | 卷积层 | (3, 3) | 16 | 1 | 有 | ReLU | (32, 32) |
| 5 | 池化层 | (2, 2) | — | 2 | — | | (16, 16) |
| 6 | 卷积层 | (3, 3) | 32 | 1 | 有 | ReLU | (16, 16) |
| 7 | 池化层 | (2, 2) | — | 2 | — | | (8, 8) |
| 8 | 卷积层 | (3, 3) | 64 | 1 | 有 | ReLU | (8, 8) |
| 9 | 池化层 | (2, 2) | — | 2 | — | | (4, 4) |
| 10 | 瓶颈层 B1 | (1, 1) | B1 | 1 | — | | (4, 4) |
| 11 | 瓶颈层 B2 | (1, 1) | 64 | 1 | — | | (4, 4) |
| 12 | 全连接层 | — | — | — | — | | (512, 1) |
| 13 | 全连接层 | — | — | — | — | | (128, 1) |
| 14 | 输出层 | | | | | | class |

表 5.8　单通道灰度图及三通道彩色特征图

| 故障类型 | 通道 1 | 通道 2 | 通道 3 | 彩色特征图 |
|---|---|---|---|---|
| IN | | | | |

| 故障类型 | 通道 1 | 通道 2 | 通道 3 | 彩色特征图 |
|---|---|---|---|---|
| ITF |  |  |  | |
| ITR |  |  | 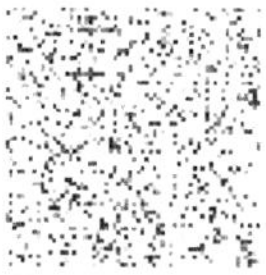 | |
| ON | |  |  |  |
| OTF |  |  |  |  |
| OTR |  |  |  | |

　　六种故障状态的信号各包含 1200 个样本,其中随机选取 1000 个样本作为训练集,其余 200 个样本用于测试网络性能。为保证结果有效性,训练集和测试集数据不重叠。在信号转换后的二维图像中,可以发现不同故障条件下的二维灰度图像差异太小,肉眼难以识别。多传感器数据融合后彩色图像的差异较大。

　　通过改变瓶颈层 B1 层的超参数,在测试数据集上验证网络性能,B1 的取值范围设置为 $\{64,96,128,\cdots,576,608\}$,网络权重经过 50 次迭代(epoch)更新后停止训练。试验获得瓶颈层 B1 层的超参数 B1 与网络预测准确率的结果,卷积神经网络预测精度与瓶颈层 B1 层的超参数的关系呈非线性关系。通过二次拟合获得拟合曲线如图 5.16 所示。二次拟合方程为 $f(x) = -4.984 \times 10^{-7} x^2 + 3.621 \times 10^{-4} x + 0.9302$。结果表明,当瓶颈层 B1 层卷积核数量在 250~400 范围内时,CNN 模型预测精度相对较高。当卷积核数量小于 250

时，网络无法获得有效特征增强效果，模型预测准确率较低。当卷积核数大于400时，训练集预测精度高于测试集，模型出现过拟合现象。

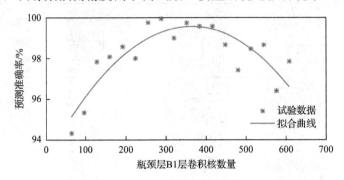

图 5.16 预测准确率与 B1 层卷积核数量的拟合曲线

为验证本节所提方法的先进性，将基于多源数据彩色图像模式识别方法与单传感数据网络模型进行了比较，对比各模型平均预测精度并评估模型稳定性。

(1) CNN(多源数据)：多源数据转换后的彩图输入不包含瓶颈层结构增强的 CNN 模型。模型中所有卷积核的尺寸为 3×3，池化层通过最大池函数降低维度，并使用 2×2 的最大池层；其余的具体参数与所提方法均一致。

(2) CNN(单通道数据)：单通道数据转换后的灰度图输入不包含瓶颈层结构增强的 CNN 模型。模型中所有卷积核的尺寸为 3×3，池化层通过最大池函数降低维度，并使用 2×2 的最大池层；其余的超参数与所提方法均一致。

以上两种对比模型与本节所述基于多源数据的彩色图像模式识别诊断方法分别运行 10 次的平均预测准确率对比结果如表 5.9 所示。结果表明，本节所述彩色特征图样本集相比单通道数据集具有更全面的信息，通过瓶颈层增强后的基于多源数据的灰度图像模式识别方法的平均预测准确率高于其他模型，达到了 99.79%。

表 5.9　模型对比结果

| 方法(输入类型) | 平均预测准确率/% | 方差 |
| --- | --- | --- |
| CNN(多源数据含瓶颈层) | 99.79 | 0.1039 |
| CNN(多源数据不含瓶颈层) | 98.96 | 0.4720 |
| CNN(单通道数据) | 83.38 | 0.6312 |

　　图 5.17 为混淆矩阵的预测精度，纵坐标为样本的实际标签，横坐标为样本的预测标签。本节所述方法混淆矩阵如图 5.17(a) 所示，有 1 个 OTF 状态和 1 个 OTR 状态的样本被错误地预测为 ITF 故障状态，其他三类故障数据均被完全正确识别，预测准确率为 99.83%，高于其他模型的预测结果。使用本章所述彩色特征样本集作为输入的 CNN 模型表现良好，而将单通道数据作为输入的模型的预测结果不佳。

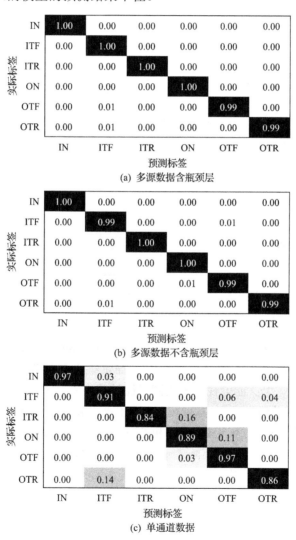

图 5.17　混淆矩阵

本节所述方法和对比模型的训练环节损失函数如图 5.18 所示，经过 20 次迭代后基本收敛，结果表明，该方法具有更高的预测准确率，模型收敛较快且稳定性较高。预测准确率对比如图 5.19 所示。

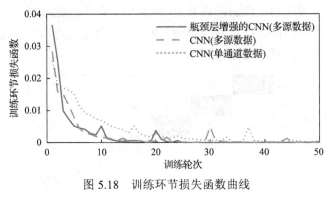

图 5.18　训练环节损失函数曲线

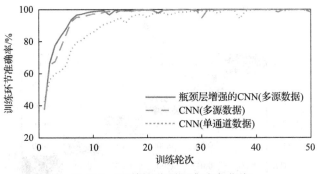

图 5.19　训练环节预测准确率曲线

此外，使用 t-分布随机邻域嵌入(t-distributed stochastic neighbor embedding, t-SNE) 算法可视化全连接层数据，用于评价模型稳定性，可视化聚类图如图 5.20 所示。为保证可视化聚类图可比性，在不同 CNN 中，t-SNE 算法参数是相同的。单通道数据 CNN 模型可视化聚类结果如图 5.20(a) 所示，ITF 状态、ITR 状态、ON 状态、OTF 状态和 OTF 状态的聚类特征几乎完全混合，没有明显的边界，正如混淆矩阵表示的一样，仅 IN 状态被正确识别，其他五类数据被错误地预测为其他状态。彩色特征图数据集 t-SNE 算法可视化聚类效果良好，如图 5.20(b) 所示。可见多源数据彩图相比单通道灰度图具有更全面的信息，能够保证模型获得更准确的识别性能。多源数据瓶颈层增强网络模型聚类结果如图 5.20(c) 所示，不同状态的数据聚类具有更大的类间距和更小的类内距离，获得了更具有分辨性的聚类图，提高了模型的智能诊断能力。

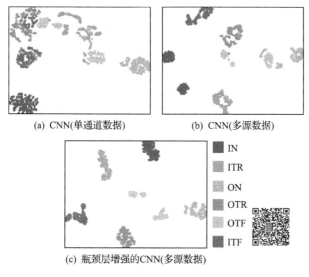

(a) CNN(单通道数据)     (b) CNN(多源数据)

IN
ITR
ON
OTR
OTF
ITF

(c) 瓶颈层增强的CNN(多源数据)

图 5.20 全连接层数据的 t-SNE 算法可视化聚类图

## 5.4 多源数据一维膨胀卷积智能诊断方法

本节利用膨胀卷积核获得最佳感受野,通过批标准化、带参数的激活函数、全局平均池化方法提高网络性能,试验基于自适应融合策略的多源数据融合与智能诊断[10]。

### 5.4.1 深度学习基本算法

1. 一维膨胀卷积运算

传统一维卷积神经网络卷积层可以用式(5.23)来表示:

$$y_i^l = \sum_{k=1}^{K} x_{i+k}^{l-1} w_k^l + b \tag{5.23}$$

一维膨胀卷积运算最初用于时变信号的小波分解,相比传统的一维卷积运算,增加了参数膨胀率 $d$,被称为膨胀卷积核(atrous convolution, AC)。膨胀卷积运算的定义如下:

$$y_{i,d}^l = \sum_{k=1}^{K} x_{i+k}^{l-1} w_k^l + b \tag{5.24}$$

式中，$d$ 是膨胀率；$k$ 是滤波器中训练的参数；$w$ 是卷积核权重；$x_i^l$ 是第 $l$ 层的第 $i$ 个输入特征；$y_i^l$ 是第 $l$ 层的第 $i$ 个输出特征。

标准卷积和膨胀卷积运算过程如图 5.21 所示。

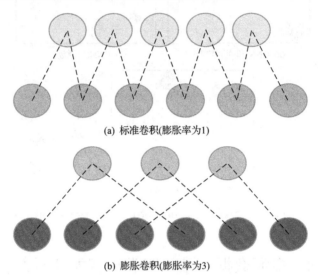

(a) 标准卷积(膨胀率为1)

(b) 膨胀卷积(膨胀率为3)

图 5.21　卷积运算示意图

膨胀卷积运算相比传统卷积运算，可显著增加网络节点的感受野，能有效保证深层节点更充分地学习信号特征。在标准卷积核中，将零值插入相邻滤波器值中，从而获得膨胀卷积核。根据计算公式和膨胀卷积核的介绍，与标准卷积相比膨胀卷积并不会增加任何计算量。膨胀卷积之后的节点感受野视场 $k$ 增加到 $(k-1)(d-1)+k$。

### 2. 批标准化

为了加速网络训练过程，保证隐层激活数据分布的一致性，采用批标准化(batch normalization, BN)对每批数据进行标准化。批标准化通常添加在卷积层之后和激活函数之前，可以显著地减少数据间的协方差。将输入数据进行批标准化后，数据的分布被标准化，因此网络无须进一步学习去适应不同数据的分布特征，从而提高了网络的泛化能力。批标准化的计算公式如下：

$$\hat{x}^{(k)} = \frac{x^{(k)} - E[x^{(k)}]}{\sqrt{\mathrm{Var}[x^{(k)}] + \varepsilon}} x^{(k)} + \left( \beta - \frac{\gamma E[x^{(k)}]}{\sqrt{\mathrm{Var}[x^{(k)}] + \varepsilon}} \right) \tag{5.25}$$

$$y^{(k)} = \gamma^{(k)}\hat{x} + \beta^{(k)} \qquad (5.26)$$

式中，$y^{(k)}$ 是神经元的输出响应；$\gamma^{(k)}$ 是训练的重构参数规模；$\beta^{(k)}$ 是训练的重构参数转变；$\varepsilon$ 是常数。

被训练的重构参数规模和转变参数，通过式(5.27)和式(5.28)计算得到。参数 $\varepsilon$ 在统计中可忽略不计。通过标准化的输入数据进一步提取特征，减少了内部协方差偏移，加快了网络的收敛速度：

$$\gamma^{(k)} = \sqrt{\mathrm{Var}[\hat{x}^{(k)}]} \qquad (5.27)$$

$$\beta^{(k)} = E[\hat{x}^{(k)}] \qquad (5.28)$$

### 3. 参数激活函数

激活函数主要用于非线性变换。许多经典的网络使用 ReLU、sigmoid 和 tanh 函数来映射数据。然而，根据 ReLU 的特点，响应的分布是不对称的。5.3 节模型中采用 ReLU 激活函数，在网络训练的反向传播过程中，当输入小于 0 时，不能更新权值。带参数的修正线性单元(parametric rectified linear unit, PReLU)可以解决这个问题。它保留了负轴的数值，不会丢失负轴的信息。PReLU 的定义如下：

$$f(x_i) = \begin{cases} x_i, & x_i > 0 \\ a_i x_i, & x_i \leqslant 0 \end{cases} \qquad (5.29)$$

式中，$a_i$ 是激活函数负半轴的斜率，其下标表示参数 $a_i$ 可以自适应地在不同通道上更新为不同的值，初始值为 0.25。

参数 $a_i$ 通过动量法进行更新，公式如下：

$$\Delta a_i = \mu \Delta a_i + \varepsilon \frac{\partial \varepsilon}{\partial a_i} \varepsilon \qquad (5.30)$$

式中，$\varepsilon$ 是学习速率，当 $a_i=0$ 时，PReLU 算法简化为 ReLU 函数。

与 ReLU 相比，PReLU 算法增加的参数相对较少，因此，并没有显著增加网络的计算量的负担。通过训练得到 $a_i$ 的值能够更好地学习适应数据分布特征，增强网络拟合能力，进一步提高模型性能。

### 4. 全局平均池化层

全连接层由于其节点全部连接训练的特点,相比权值共享的卷积层需要更多参数,超参数的选取不当易导致模型过拟合,降低模型泛化能力。此外,参数需要耗费大量资源去训练,增加了网络训练和测试难度。全局平均池化(global average pooling, GAP)层被提出用来取代网络嵌套(network in network, NIN)模型中的全连接层。通过全局平均池化层对深度挖掘的一维特征数据进行整合后输出预测值。如图 5.22 所示,全局平均池化层将每个特征图的平均值映射到单一节点中,因此输出的节点数等于输入特征图的通道数。该方法的优点是不需要对该层的参数进行优化,避免了网络过拟合。

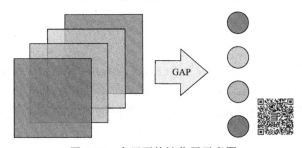

图 5.22　全局平均池化层示意图

### 5.4.2　FAC-CNN 智能诊断模型

多源数据自适应融合卷积神经网络框架(the convolutional neural network for the adaptive fusion of multiple source data with atrous convolution, FAC-CNN),诊断模型主要包括:多源数据的自适应融合、用于改善网络节点感受野的膨胀卷积、基于一维 CNN 的特征提取、用于整合信息的全局平均池化,其结构如图 5.23 所示。

针对旋转机械时间序列信号,首先构造一个融合层,实现多源数据的自适应融合。融合层卷积核参数 $k$ 与输入信号的通道数自适应匹配。自适应融合层可以从任意多通道中学习提取特征,从而获得融合数据的最佳一维表示。通过 BN 层对融合后的数据进行标准化处理,得到较好的数据分布。其次,利用 AC 层膨胀卷积来提取融合信号特征。膨胀卷积通过较大的膨胀率,使网络中较深的节点具有更大的感受野,并能够在没有池化层的情况下减小数据维数。然后,加入一维标准卷积和最大池化层,进一步提取 AC 层之后的特征。最后,用 GAP 层代替全连通层进行信息整合。

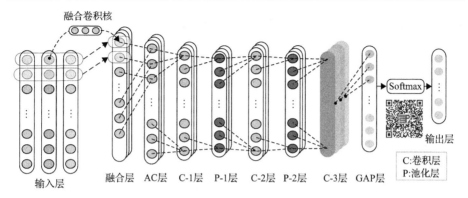

融合卷积核

输入层　　融合层　AC层　C-1层　P-1层　C-2层　P-2层　C-3层　GAP层

Softmax

输出层

C:卷积层
P:池化层

图 5.23　多源数据自适应融合卷积神经网络框架结构

此外，通过 BN 层学习数据分布和全局平均池化层映射，保证模型正则化结构，降低了模型的复杂度，提高了稀疏性。另外，使用 PReLU 激活函数来避免在反向传播过程中丢失特征。使用全局平均池化代替全连接层，能更好地提取周期信号特征，增强网络的泛化能力。网络结构的具体参数如表 5.10 所示，其中 AC 层的核尺寸为 $(5, 1)$，膨胀率为 400，在这种参数结构下保证了融合序列每个节点数据仅被计算一次。

表 5.10　FAC-CNN 模型的参数

| 序号 | 层 | 核尺寸 | 核数量 | $d$ | 步长 | 补零 | BN | 激活函数 | 输出尺寸 |
|---|---|---|---|---|---|---|---|---|---|
| 1 | 输入 | — | — | — | — | — | — | | $(2000, c^{①})$ |
| 2 | 融合 | $(1, c)$ | 16 | 1 | $(1, c)$ | 0 | 有 | PReLU | $(2000, 1)$ |
| 3 | AC | $(5, 1)$ | 32 | 400 | 1 | 0 | 有 | PReLU | $(400, 1)$ |
| 4 | C-1 | $(3, 1)$ | 32 | 1 | 1 | 1 | — | PReLU | $(400, 1)$ |
| 5 | P-1 | $(2, 1)$ | — | — | $(2, 1)$ | 0 | — | | $(200, 1)$ |
| 6 | C-2 | $(3, 1)$ | 64 | 1 | 1 | 1 | — | PReLU | $(200, 1)$ |
| 7 | P-2 | $(2, 1)$ | — | — | $(2.1)$ | 0 | — | | $(100, 1)$ |
| 8 | C-3 | $(3, 1)$ | 9 | 1 | 1 | 1 | 有 | PReLU | $(100, 1)$ |
| 9 | GAP | $(100, 1)$ | 9 | — | — | 0 | — | | class$^{②}$ |
| 10 | Softmax | — | — | — | — | | | | class |

①参数 $c$ 是采集信号传感器的通道数；
②参数 class 是设备状态类型的数量。

网络训练阶段采用交叉熵损失函数来测量预测值与实际值的差值分布，使用 Adam 优化器更新权重。网络的最后一层 Softmax 函数的输出为 $y_{pred}$，$m$ 表

示样本的总数，$y_{\text{true}}$ 表示样本对应的故障类别标签。交叉熵损失函数定义为

$$\text{LOSS} = -\frac{1}{m}\sum_x y_{\text{true}}[\ln y_{\text{pred}} + (1-y_{\text{pred}})\ln(1-y_{\text{pred}})] \qquad (5.31)$$

### 5.4.3　试验验证

　　试验数据来源于工业风机系统，如图 5.24 所示。采集风机系统九个类型的设备状态的多源数据进行分析，包括：轴承外圈疲劳失效(OF)、轴承内圈疲劳失效(IF)、轴承外圈断裂(OD)、轴承内圈断裂(ID)、滚动体断裂失效(RD)、轴的静态不平衡(SU)、动态不平衡(DU)、轴承座松动(LB)以及正常运行状态(N)，八类故障如图 5.25 所示。

图 5.24　工业风机系统

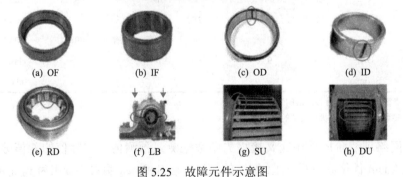

(a) OF　　　　(b) IF　　　　(c) OD　　　　(d) ID

(e) RD　　　　(f) LB　　　　(g) SU　　　　(h) DU

图 5.25　故障元件示意图

采集三通道不同运行状态振动信号,其样本归一化波形如图 5.26 所示。

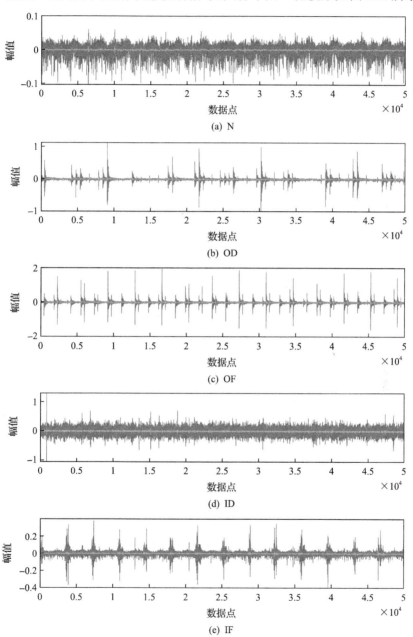

(a) N

(b) OD

(c) OF

(d) ID

(e) IF

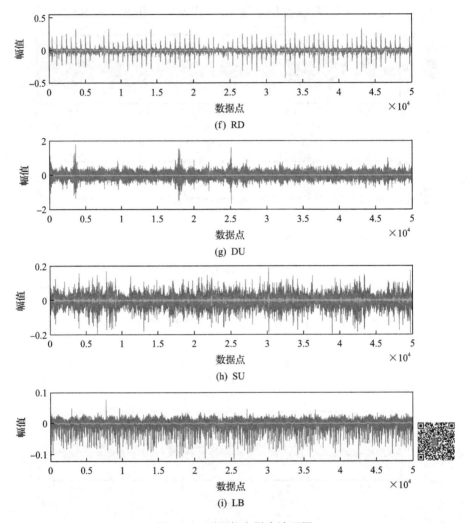

图 5.26　不同状态样本波形图

　　多源数据自适应融合的卷积神经网络框架中，AC 层中膨胀卷积的膨胀率决定了网络的感受野，影响模型的精度。通过改变 AC 层的超参数，在测试数据集上验证网络性能，$d$ 的取值范围设置为 $\{1, 50, 100, \cdots, 350, 400\}$，网络权重经过 100 次迭代更新后停止训练。多次试验获得 AC 层参数 $d$ 与迭代过程中测试数据损失函数误差的对应关系如图 5.27 所示。

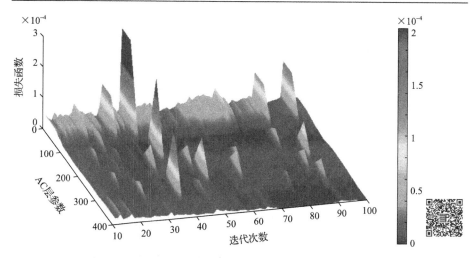

图 5.27　AC 层参数 $d$ 与测试数据损失函数误差的对应关系

　　当 AC 层的膨胀率较小时，模型深层节点的感受野较小，FAC-CNN 模型的预测准确率较低，训练过程中网络损失函数误差出现波动，稳定性弱。当 AC 层膨胀率 $d$=400 时，网络收敛速度快，稳定性好，预测准确率高。数据信号样本长度设为 2000，膨胀卷积核的参数 $w$=5，$d$=400，stride=1 时，滤波器可以完全覆盖信号，数据点无重复计算。因此，在该试验条件下，当 AC 层的膨胀率设置为 400 时，FAC-CNN 模型网络性能最稳定。运行模型获得的损失函数误差和预测准确率曲线如图 5.28 和图 5.29 所示。运行 10 次获得的预测准确率结果如图 5.30 所示，平均预测精度高达 99.93%，标准差为 0.0005。

　　FAC-CNN 模型智能诊断方法能够自适应地表示多源信号特征，具有较高的稳定性，FAC-CNN 模型最佳性能预测混淆矩阵如图 5.31 所示，准确率高达 99.94%。

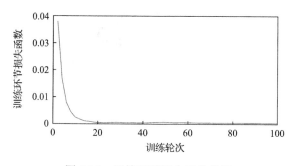

图 5.28　训练环节损失函数曲线

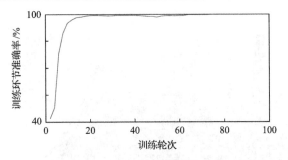

图 5.29　训练环节预测准确率曲线

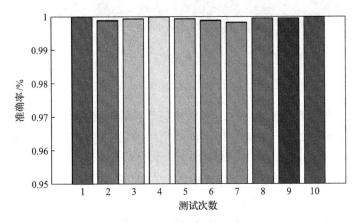

图 5.30　10 次试验的预测准确率

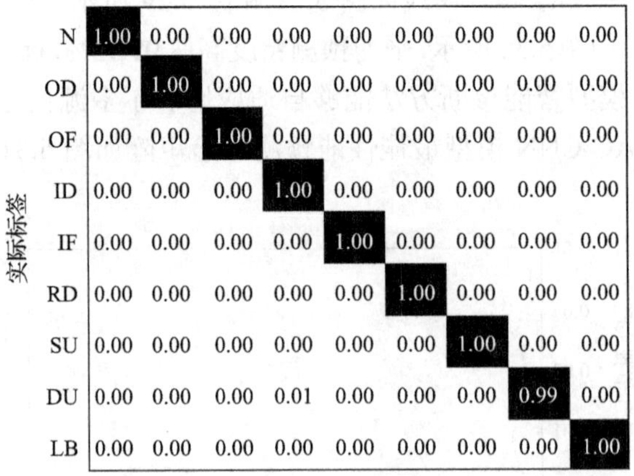

| | N | OD | OF | ID | IF | RD | SU | DU | LB |
|---|---|---|---|---|---|---|---|---|---|
| N | 1.00 | 0.00 | 0.00 | 0.00 | 0.00 | 0.00 | 0.00 | 0.00 | 0.00 |
| OD | 0.00 | 1.00 | 0.00 | 0.00 | 0.00 | 0.00 | 0.00 | 0.00 | 0.00 |
| OF | 0.00 | 0.00 | 1.00 | 0.00 | 0.00 | 0.00 | 0.00 | 0.00 | 0.00 |
| ID | 0.00 | 0.00 | 0.00 | 1.00 | 0.00 | 0.00 | 0.00 | 0.00 | 0.00 |
| IF | 0.00 | 0.00 | 0.00 | 0.00 | 1.00 | 0.00 | 0.00 | 0.00 | 0.00 |
| RD | 0.00 | 0.00 | 0.00 | 0.00 | 0.00 | 1.00 | 0.00 | 0.00 | 0.00 |
| SU | 0.00 | 0.00 | 0.00 | 0.00 | 0.00 | 0.00 | 1.00 | 0.00 | 0.00 |
| DU | 0.00 | 0.00 | 0.00 | 0.01 | 0.00 | 0.00 | 0.00 | 0.99 | 0.00 |
| LB | 0.00 | 0.00 | 0.00 | 0.00 | 0.00 | 0.00 | 0.00 | 0.00 | 1.00 |

实际标签（纵轴）　预测标签（横轴）

图 5.31　工业风机系统的混淆矩阵

本章主要从多源数据融合与智能诊断网络构造方面对几种智能诊断方法进行了介绍。主要包括模糊神经网络智能诊断方法、多源数据灰度和彩色特征图像智能诊断方法及多源数据一维膨胀卷积智能诊断方法,实现了设备的智能诊断。

# 参 考 文 献

[1] Hinton G, Deng L, Yu D, et al. Deep neural networks for acoustic modeling in speech recognition: the shared views of four research groups[J]. IEEE Signal Processing Magazine, 2012, 29(6): 82-97.

[2] 雷亚国, 贾峰, 孔德同, 等. 大数据下机械智能故障诊断的机遇与挑战[J]. 机械工程学报, 2018, 54(5): 94-104.

[3] 雷亚国, 杨彬, 杜兆钧, 等. 大数据下机械装备故障的深度迁移诊断方法[J]. 机械工程学报, 2019, 55(7): 1-8.

[4] Wang H Q, Chen P. Intelligent diagnosis method for rolling element bearing faults using possibility theory and neural network[J]. Computers and Industrial Engineering, 2011, 60(4): 511-518.

[5] Chen P, Feng F, Toyota T. Sequential diagnosis method for plant machinery by statistical tests and possibility theory[J]. Journal of Reliability Engineering Association of Japan, 2002, 24: 311-322.

[6] Lucas P J F. Certainty-factor-like structures in Bayesian belief networks[J]. Knowledge-based Systems, 2001, 14(7): 327-335.

[7] Wang H Q, Li S, Song L Y, et al. A novel convolutional neural network based fault recognition method via image fusion of multi-vibration-signals[J]. Computers in Industry, 2019, 105: 182-190.

[8] Lecun Y, Bottou L, Bengio Y, et al. Gradient-based learning applied to document recognition[J]. Proceedings of the IEEE, 1998, 86(11): 2278-2324.

[9] Wang H Q, Li S, Song L Y, et al. An enhanced intelligent diagnosis method based on multi-sensor image fusion via improved deep learning network[J]. IEEE Transactions on Instrumentation and Measurement. 2020, 69(6): 2648-2657.

[10] Li S, Wang H Q, Song L Y, et al. An adaptive data fusion strategy for fault diagnosis based on the convolutional neural network[J]. Measurement, 2020, 165: 108122.